建/筑/工/程/施/工/现/场/管/理/人/员/实/操/系/列

测量员

实操技能 全图解

李健雄 主编

U0336018

化学工业出版社

·北京·

内 容 提 要

本书依据《建筑与市政工程施工现场专业人员考核评价大纲》和《建筑与市政工程施工现场专业人员职业标准》(JGJ/T 250—2011)，按照测量员的职业标准要求，介绍了该岗位必备的专业知识和专业技能。本书共分 10 章，内容包括施工测量基础知识、水准仪、经纬仪、电子全站仪、GPS、距离测量与直线定向、变形测量、测量设备的维护、建筑施工测量、综合管理。另外，附录中包含了建筑施工测量实训须知、建筑施工测量实训和建筑施工测量综合实训。本书从简单入门知识着手，再结合现场施工经验，详细地介绍了施工测量相关知识，注重理论与实际的结合，在表现形式上运用图表的格式清晰地展现出来，简单易懂，针对性强，便于读者有目标地学习。书中还增加了教学视频，读者可以扫描书中的二维码进行观看。

本书可作为建筑工程测量员的培训教材和参考用书，也可供职业院校师生和相关专业技术人员参考使用。

图书在版编目（CIP）数据

测量员实操技能全图解/李健雄主编 . —北京：
化学工业出版社，2020.3（2022.2重印）
建筑工程施工现场管理人员实操系列
ISBN 978-7-122-36122-6

Ⅰ.①测⋯　Ⅱ.①李⋯　Ⅲ.①建筑测量-图解
Ⅳ.①TU198-64

中国版本图书馆 CIP 数据核字（2020）第 021895 号

责任编辑：彭明兰
责任校对：边　涛　　　　　　　　装帧设计：史利平

出版发行：化学工业出版社（北京市东城区青年湖南街 13 号　邮政编码 100011）
印　　装：大厂聚鑫印刷有限责任公司
787mm×1092mm　1/16　印张 13¾　字数 353 千字　2022 年 2 月北京第 1 版第 3 次印刷

购书咨询：010-64518888　　售后服务：010-64518899
网　　址：http://www.cip.com.cn
凡购买本书，如有缺损质量问题，本社销售中心负责调换。

定　　价：58.00 元

前 言

为了加强建筑与市政工程施工现场专业人员队伍建设，规范专业人员的职业能力评价、指导专业人员的使用与教育培训、促进科学施工、确保工程质量和安全生产，住房和城乡建设部制定了《建筑与市政工程施工现场专业人员职业标准》。在建设行业开展关键岗位培训考核和持证上岗工作，这对于提高从业人员的专业技术水平和职业素养，促进施工现场规范化管理，保证工程质量和安全，推动行业发展和进步起到了积极重要的作用。此标准的核心是建立全面综合的职业能力评价制度，该制度是关键岗位培训考核工作的延续和深化。实施此标准的根本目的是为了提高建筑与市政工程施工现场专业人员队伍素质，确保施工质量和安全生产。

为了响应住房和城乡建设部的号召，加强建筑工程施工现场专业人员队伍建设，促进科学施工，确保工程质量和安全生产，我们依据《建筑与市政工程施工现场专业人员考核评价大纲》和《建筑与市政工程施工现场专业人员职业标准》（JGJ/T 250 — 2011），按照职业标准要求，针对施工现场管理人员的工作职责、专业知识、专业技能，遵循易学、易懂、能现场应用的原则，组织编写了本书。

为了使广大施工测量工作者和相关工程技术人员更深入地了解施工测量，本书从简单入门知识着手，再结合现场施工经验，详细地介绍了施工测量相关知识，注重理论与实际的结合。本书在表现形式上运用图表的格式将知识和技能清晰地展现出来，针对性很强，便于读者有目标地学习。书中还增加了教学视频，读者可以扫描书中的二维码进行观看。

本书共分 10 章，分别为施工测量基础知识、水准仪、经纬仪、电子全站仪、GPS、距离测量与直线定向、变形测量、测量设备的维护、建筑施工测量、综合管理。另外，附录中包含了建筑施工测量实训须知、建筑施工测量实训和建筑施工测量综合实训。

本书由李健雄担任主编，参加编写人员还有魏文彪、高海静、葛新丽、梁燕、吕君、孙玲玲、张跃、阎秀敏、何艳艳、高世霞、常聪聪、哈翠翠等。

由于时间仓促和能力有限，本书难免有不完善的地方，敬请读者批评指正。

编者

2020.4

目 录

第一章 ▶▶
施工测量基础知识

第一节　建筑工程测量人员的工作内容与职责

一、测量人员的岗位职责

测量人员应具备的素质及岗位职责如图 1-1 所示。

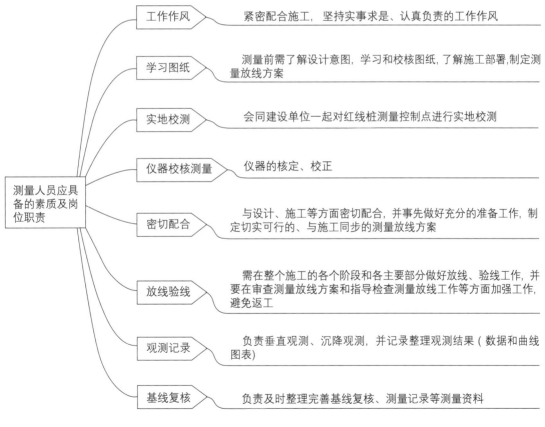

工作作风	紧密配合施工，坚持实事求是、认真负责的工作作风
学习图纸	测量前需了解设计意图，学习和校核图纸，了解施工部署，制定测量放线方案
实地校测	会同建设单位一起对红线桩测量控制点进行实地校测
仪器校核测量	仪器的核定、校正
密切配合	与设计、施工等方面密切配合，并事先做好充分的准备工作，制定切实可行的、与施工同步的测量放线方案
放线验线	需在整个施工的各个阶段和各主要部分做好放线、验线工作，并要在审查测量放线方案和指导检查测量放线工作等方面加强工作，避免返工
观测记录	负责垂直观测、沉降观测，并记录整理观测结果（数据和曲线图表）
基线复核	负责及时整理完善基线复核、测量记录等测量资料

图 1-1　测量人员应具备的素质及岗位职责

二、施工测量管理人员的工作职责

施工测量管理人员的工作职责见表 1-1。

表 1-1 施工测量管理人员的工作职责

职位	主要内容
项目工程师	对工程的测量放线工作负技术责任,审核测量方案,组织工程各部门的验线工作
技术员	领导测量放线工作,组织放线人员学习并校核图纸,编制工程测量放线方案
施工员	对工程的测量放线工作负主要责任,并参加各分项工程的交接检查,负责填写工程预检单并参与签证

有话说

① 知原理:知道测量的基本理论、基本原理。
② 用仪器:熟悉使用测量仪器和掌握测量方法。
③ 识图用图:识读地形图和掌握地形图的应用。
④ 施工测量:重点掌握施工测量的内容。

第二节 建筑工程测量的主要作用

一、 建筑工程测量的任务

建筑施工测量属于工程测量学的范畴,是工程测量学在建筑工程建设领域中的具体表现。建筑施工测量的任务包括测定、测设两方面,建筑施工测量的主要工作是测设,如图 1-2 所示。

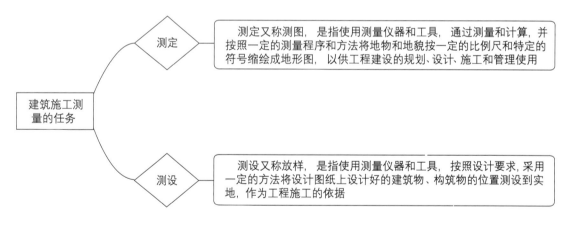

测定：测定又称测图，是指使用测量仪器和工具，通过测量和计算，并按照一定的测量程序和方法将地物和地貌按一定的比例尺和特定的符号缩绘成地形图，以供工程建设的规划、设计、施工和管理使用

建筑施工测量的任务

测设：测设又称放样，是指使用测量仪器和工具，按照设计要求，采用一定的方法将设计图纸上设计好的建筑物、构筑物的位置测设到实地，作为工程施工的依据

图 1-2 建筑施工测量的任务

此外,施工中各施工工序的交接和检查、校核、验收工程质量的施工测量,工程竣工后的竣工测量,监测重要建筑物或构筑物在施工、运营阶段的沉降、位移和倾斜所进行的变形观测等,也是施工测量的主要任务。

施工测量主要包括施工放样(定位、放线、抄平)与工程变形监测两部分内容。

二、 建筑工程测量的作用

建筑测量是建筑施工中一项非常重要的工作,在建筑工程建设中有着广泛的应用,它服务于建筑工程建设的每一个阶段，贯穿于建筑工程的始终。在工程勘测阶段，测绘地形图为规划设计提供各种比例尺地形图和测绘资料。

建筑工程测量在各个阶段的作用如图 1-3 所示。

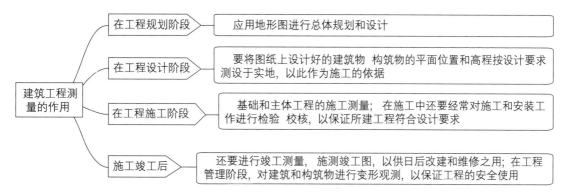

图 1-3　建筑工程测量的作用

由此可见，在工程建设的各个阶段都需要进行测量工作，而且测量的精度和速度直接影响到整个工程的质量与进度。因此，工程技术人员必须掌握工程测量的基本理论、基本知识和基本技能，掌握常用的测量工具的使用方法，初步掌握小地区大比例尺地形图的测绘方法，正确掌握地形图应用的方法，以及具有一般土建工程施工测量的能力。

三、 测量工作的要求

测量工作在整个建筑工程建设中起着不可缺少的重要作用，测量速度和质量直接影响工程建设的速度和质量。它是一项非常细致的工作，稍有不慎就会影响工程进度甚至造成返工浪费。因此，要求工程测量人员必须做到如图 1-4 所示的几点要求。

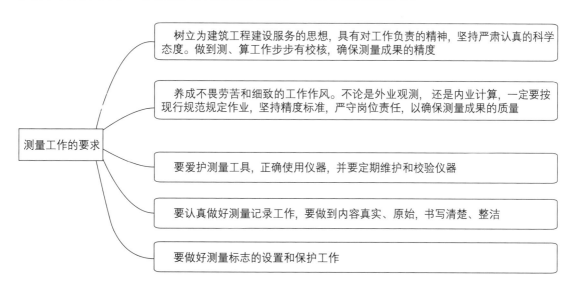

图 1-4　测量工作的要求

有话说

① 使用经验收合格的测量仪器，如经纬仪、水准仪和钢尺等。

② 每次施测完毕均做闭合检查，准确无误后方可进行下道工序。

③ 所有标高的引测均由±0.00向上或向下引测，以减少误差。

④ 测距精度、引角精度、层间垂直度以及建筑物全高垂直度偏差必须在规范允许的范围内。

⑤ 工程在基础和主体封顶后，分别组织有关单位及部门对轴线、标高进行复核验收，并做好记录。

第三节 建筑工程测量的主要工作内容

一、施工测量的内容

建筑施工测量是施工的先导，贯穿于整个施工过程中。内容包括从施工前的场地平整、施工控制网的建立，到建（构）筑物的定位和基础放线；工程施工中各道工序的细部测设，构件与设备安装的测设工作；在工程竣工后，为了便于管理、维修和扩建，还需进行竣工测量，绘制竣工平面图；有些高大和特殊的建（构）筑物在施工期间和建成后还要定期进行变形观测，以便积累资料，掌握变形规律，为工程设计、维护和使用提供资料。

二、施工测量的特点

施工测量的特点如图1-5所示。

三、施工测量基本术语

施工测量基本术语见表1-2。

表1-2 施工测量基本术语

名称	主要内容
测量学	测量学是研究地球的形状和大小以及确定地面点位的科学，是研究对地球整体及其表面和外层空间中的各种自然和人造物体上与地理空间分布有关的信息进行采集处理、管理、更新和利用的科学和技术
测绘	测绘是对地球和其他天体空间数据进行采集、分析、管理、分发和显示的综合过程的活动。其内容包括研究测定、描述地球和其他天体的形状、大小、重力场、表面形态以及它们的各种变化，确定自然地理要素和人工设施的空间位置及属性，制成各种地图和建立有关信息系统
测定	测定是指使用测量仪器和工具，通过测量和计算得到一系列的数据，再把地球表面的地物和地貌缩绘成地形图，供规划设计、经济建设、国防建设和科学研究使用
测设	测设是指将图上规划设计好的建筑物、构筑物位置在地面上标定出来，作为施工的依据
水准面	处处与重力方向垂直的连续曲面称为水准面。任何自由静止的水面都是水准面
大地水准面	静止的平均海水面向陆地延伸，形成一个闭合的曲面包围整个地球，这个闭合曲面称为大地水准面。大地水准面是测量工作的基准面

名称	主要内容
高程	由平均海水面起算的地面点高度又称海拔或绝对高程。一般也将地图上标记的地面点高程称标高
方位角	从某点的指北方向线起,顺时针方向至另一目标方向线的水平夹角
测段	两相邻水准点间的水准测线
图根点	直接用于测绘地形图碎部的控制点
测站	在实地测量时设置仪器的地点
测量标志	在地面上标定测量控制点(三角点、导线点和水准点等)位置的标石、觇标和其他标记的总称
标石	一般用混凝土或岩石制成,埋于地下(或露出地面),以标定控制点的位置
控制测量	测定控制点平面位置(x,y)和高程(H)的工作,称为控制测量
坐标正算	根据已知点的坐标,已知边长及该边的坐标方位角,计算未知点的坐标,称为坐标的正算
坐标反算	根据两个已知点的坐标求算两点间的边长及其方位角,称为坐标反算
碎部测量	利用测量仪器在某一测站点上测绘各种地物,地貌的平面位置和高程的工作
观测条件	测量仪器、观测者和外界环境是引起测量误差的主要原因,因此,把这三方面的因素综合起来称为观测条件
系统误差	在相同的观测条件下,对某量进行一系列观测,如果误差出现的符号和大小均相同或按一定的规律变化,这种误差称为系统误差
偶然误差	在相同的观测条件下对某量进行一系列观测,误差出现的符号和大小都表现出偶然性,即从单个误差来看,在观测前不能预知其出现的符号和大小,但就大量误差总体来看,则具有一定的统计规律,这种误差称为偶然误差
粗差	粗差的产生主要是由于工作中的粗心大意或观测方法不当造成的,错误是可以也是必须避免的。含有粗差的观测成果是不合格的,必须采取适当的方法和措施剔除粗差或重新进行观测
真误差	观测值与真值的差值称为真误差,用 Δ 表示,真误差是排除了系统误差,又不存在粗差的偶然误差
多余观测	为了提高观测成果的质量,同时也为了检查和及时发现观测值中的错误,在实际工作中观测值的个数多于待求量的个数
相对误差	绝对误差的绝对值与相应测量结果的比值
中误差	在相同观测条件下的一组真误差平方中数的平方根
允许误差	实际工作中,测量规范要求在观测值中不容许存在较大的误差,故常以两倍或三倍中误差作为偶然误差的容许值,称为允许误差
地物	地物是指地面上有明显轮廓的、自然形成的物体或人工建造的建筑物、构筑物,如房屋、道路、水系等

四、 施工测量的精度

施工测量的精度取决于工程的性质、规模、材料、施工方法等因素。例如,施工控制网的精度要求一般高于测图控制网的精度要求,高层建筑物的测设精度要求高于低层建筑物的测设精度,钢结构的测设精度要求高于钢筋混凝土结构的测设精度,装配式建筑物的测设精度要求高于非装配式建筑物的测设精度。

对于具体工程,施工测量的精度包括两种不同的要求:第一种是各建筑物主轴线相对于场地主轴线或它们相互之间位置的精度要求,即整体放样精度;第二种是建筑物本身各细部之间或各细部对建筑物主轴线相对位置的放样要求,即细部放样精度。一般来说,工程的细部放样精度要求往往高于整体放样精度。

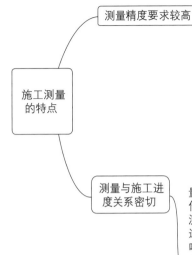

施工测量的特点

测量精度要求较高 —— 为了满足较高的施工测量精度要求,应使用经过检校的测量仪器和工具进行测量作业,测量作业的工作程序应符合"先整体后局部、先控制后细部"的一般原则,内业计算和外业测量时均应细心操作,注意复核,以防出错,测量方法和精度应符合相关的测量规范和施工规范的要求。对同类建(构)筑物来说,测设整个建(构)筑物的主轴线,以更确定其相对其他地物的位置关系时,其测量精度要求可相对低一些;而测设建(构)筑物内部有关联的轴线,以及在进行构件安装放样时,精度要求则相对高一些;如要对建(构)筑物进行变形观测,为了发现位置和高程的微小变化量,测量精度要求更高

测量与施工进度关系密切 —— 施工测量直接为工程的施工服务,一般每道工序施工前都要进行放样测量,为了不影响施工的正常进行,应按照施工进度及时完成相应的测量工作。特别是现代工程项目,规模大、机械化程度高、施工进度快,对放样测量的密切配合提出了更高的要求。在施工现场,各工序经常交叉作业,运输频繁,并有大量土方填挖和材料堆放,使测量作业的场地条件受到影响,视线被遮挡,测量桩点被破坏等。所以,各种测量标志必须设埋稳固,并设在不易破坏和碰动的位置,除此之外还应经常检查,如有损坏,应及时恢复,以满足施工现场测量的需要

图 1-5　施工测量的特点

 相关知识点 ▶▶

衡量精度的标准有多种,常用的评定标准有中误差、容许误差和相对误差三种。

五、 施工测量的原则

为了保证施工能满足设计要求,施工测量与地形测量一样,也必须遵循"由整体到局部,先控制后细部"的原则,即在施工之前,先在施工现场建立统一的施工平面控制网和高程控制网,然后以此为基础,再放样建筑物的细部位置。采取这一原则,可以减少误差累积,保证放样精度,免除因建筑物众多而引起放样工作的紊乱。

施工测量的另一原则也是"步步有校核",以防止差、错、漏的发生。施工测量不同于地形测量,施工测量责任重大,应使用经过检校的测量仪器和工具进行测量作业。在施工测量中出现的任何差错都有可能造成严重的工程事故和重大的经济损失。因此,测量人员应严格执行质量管理规定,仔细复核放样数据,以避免错误的出现。内业计算和外业测量时均应细心操作,注意复核,防止出错,测量方法和精度应符合有关的测量规范和施工规范的要求。

六、 施工测量前的准备工作

施工测量前的准备工作如图 1-6 所示。

1. 资料收集

施工测量前,应根据工程任务的要求,收集和分析有关施工资料,主要包括如图 1-7 所示内容。

2. 施工图审核

施工图审核可根据不同施工阶段的需要,审核总平面图、建筑施工图、结构施工图、设

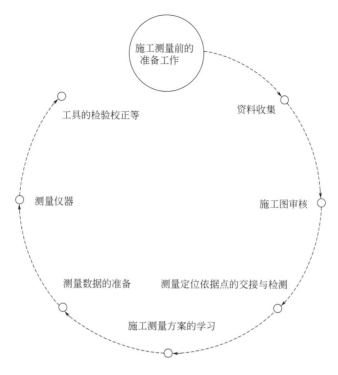

图 1-6　施工测量前的准备工作

图 1-7　资料收集的内容

备施工图等。

施工图审核内容应包括坐标与高程系统，建筑物轴线关系、几何尺寸、各部位高程等，并应及时了解和掌握有关工程设计变更文件，以确保测量放样数据准确可靠。

3. 测量定位依据点的交接与检测

平面控制点或建筑红线桩点是建筑物定位的依据，应认真做好成果资料与现场点位或桩位的交接工作，并妥善做好点位或桩位的保护工作。

平面控制点或建筑红线桩点使用前，应进行内业验算与外业检测，定位依据桩点数量不应少于 3 个。检测红线桩的允许误差应符合相关规范规定。

城市规划部门提供的水准点是确定建筑物高程的基本依据，水准点数量不应少于 2 个，使用前应按符合水准路线进行检测，允许闭合差符合要求后方可使用。

4. 施工测量方案的学习

施工测量方案是指导施工测量的技术依据，测量工作人员在工作前必须认真学习，重点注意方案中如图 1-8 所示的几点。

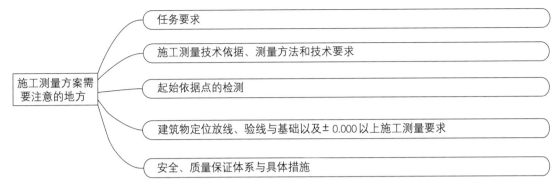

图 1-8　施工测量方案需要注意的地方

5. 测量数据的准备

施工测量数据的准备应包括如图 1-9 所示的内容。

图 1-9　施工测量数据的准备

6. 测量仪器和工具的检验校正等

为保证测量成果准确可靠，测量仪器、量具应按国家计量部门或工程建设主管部门的有关规定进行检定，经检定合格后方可使用。

七、测设的基本工作

1. 施工控制

根据勘测设计部门提供的测量控制点，先在整个建筑场区建立统一的施工控制网（建筑基线、建筑方格网），作为后续建筑物定位放样的依据。

2. 施工放样

将设计建筑物的平面位置和高程标定在实地的测量工作。施工放样为后续的工程施工和设备安装提供诸如方向、标高、平面位置等各种施工标志，确保按图施工。

3. 检查验收测量

在各项、各分项、各分部工程施工之后，进行竣工验收测量，检查施工是否符合设计要求，以便随时纠正和修改。

4. 变形测量

对一些大型的重要建筑物进行沉降、倾斜等变形测量（沉降观测、位移观测、倾斜观测、裂缝观测、挠度观测），以确保它们在施工和使用期间的安全。

5. 竣工测量

工程竣工后为获得各种建筑物、构筑物及地下管网的平面位置、高程等资料而进行的测量，为建筑物的扩建、管理提供图样和数据资料。

不论测量工作的内容如何变化，测量工作的要素始终是确定点的位置，而确定点位总是离不开角度、距离和高程，这是测量工作的基本要素，也是测量放样工作的三项基本工作。

测量仪器和工具除按规定周期检定外，对常用的经纬仪、水准仪等仪器的主要轴系关系应在每项工程施工测量前进行检验校正，施工过程中还应每隔 1～3 个月进行定期检验与校正。

第四节 地形图的认识与测量误差

一、 地形图的比例尺

1. 地形图比例尺的概念

地形图中的图上距离与它所代表的实际水平距离之比，称为地形图比例尺。地形图比例尺既决定了地形图图上长度与实地长度的换算关系，又决定了地形图的精度与详细程度。

比例尺的表示方法分为以下两种。

（1）数字比例尺

数字比例尺用分子为 1、分母为整数的分数表示。设图上一线段长度为 d，相应的实际水平距离为 D，则该地形图的比例尺为：

$$\frac{d}{D} = \frac{1}{\dfrac{D}{d}} = \frac{1}{M}$$

式中　M——比例尺分母。

比例尺的大小是以比例尺的比值来衡量的。比例尺分母 M 越小，比例尺越大，表示地物地貌越详尽。数字比例尺通常标注在地形图下方。

（2）图示比例尺

常见的图示比例尺为直线比例尺。图 1-10 所示为 1∶1000 的直线比例尺。图中两条平行直线间距为 2mm，以 2cm 长度为基本单位。

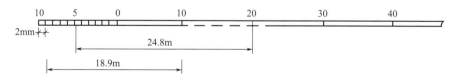

图 1-10　1∶1000 地形图示意图

建筑类各专业通常使用大比例尺地形图，比例尺为 1∶500、1∶1000、1∶2000、1∶5000 或 1∶10000。

2. 比例尺精度

在正常情况下，人眼能分辨的最小距离为 0.1mm，当图上两点之间的距离小于 0.1mm 时，人的肉眼将无法进行分辨而将其认为是同一点，因此，可将相当于图上长度 0.1mm 的实地水平距离称为地形图的比例尺精度，用 ε 表示，即

$$\varepsilon = 0.1M$$

根据比例尺精度可确定测图时量距的精度。另外，如果规定了地物图上要表示的最短长度，根据比例尺精度，可确定测图比例尺。例如要在图上反映出 5cm 的细节，则所选用的比例尺不应小于 1∶500。比例尺越大，地图表示得越详细，精度也越高。常用的大比例尺地形图的比例尺精度见表 1-3。

表 1-3　常用大比例尺地形图的比例尺精度

比例尺	1∶500	1∶1000	1∶2000	1∶5000	1∶10000
比例尺精度/m	0.05	0.1	0.2	0.5	1.0

二、 地形图的表示方法

1. 地物符号在图上的表示方法

地物在图中用地物符号表示，地物符号可以分为比例符号、半依比例符号、非比例符号和文字或数字注记。

地物符号的分类及内容如图 1-11 所示。

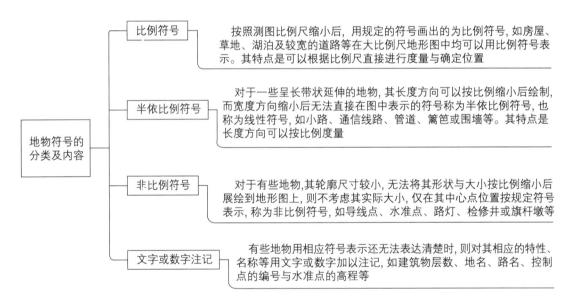

图 1-11　地物符号的分类及内容

2. 地貌符号的表示方法

地形图上表示地貌的主要方法为等高线。地面上高程相同的相邻点依次首尾相连而形成的封闭曲线称为等高线。如图 1-12 所示，有一个静止水面包围的小山，水面与山坡形成的交线为封闭曲线，曲线上各点的高程是相等的。随着水位的不断上升，形成不同高度的闭合曲线，将其投影到平面上，并按比例缩小后绘制的图形，即为该山头用等高线表示的地貌图。

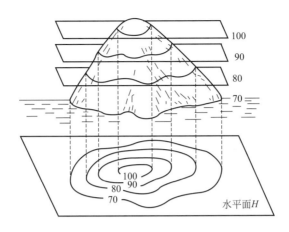

图 1-12 等高线形成示意

三、 测量误差产生的原因

测量误差的来源很多,其产生的原因主要有以下三个方面。

1. 仪器的原因

观测工作中所使用的仪器,由于制造和校正不可能十分完善,受其一定精度的限制,使其观测结果的精确程度也受到一定的限制。

2. 人的原因

在观测过程中,由于观测者的感觉器官鉴别能力的限制,在仪器的对中、整平、瞄准、读数等工作环节时都会产生一定的误差。

3. 外界条件的原因

观测是在一定的外界自然条件下进行的,如温度、亮度、湿度、风力和大气折光等因素的变化,也会使测量结果产生误差。

观测结果的精度简称为精度,其取决于观测时所处的条件,上述三个方面综合起来就称为三观测条件。观测条件相同的各次观测,称为同精度观测;观测条件不同的各次观测,则称为非等精度观测。

四、 测量误差的分类

测量误差按其性质可分为系统误差、偶然误差和粗差三种。

1. 系统误差

在相同的观测条件下,对某量进行了 n 次观测,如果误差出现的大小和符号均相同或按一定的规律变化,这种误差称为系统误差。系统误差一般具有累积性。

系统误差产生的主要原因之一是仪器设备制造不完善,这种误差与所丈量的距离成正比。

系统误差具有明显的规律性和累积性,对测量结果的影响很大。但是由于系统误差的大小和符号有一定的规律,所以可以采取措施加以消除或减少其影响。

2. 偶然误差

在相同的观测条件下,对观测量进行一系列的观测,大量的观测数据表明,误差出现的大小及符号在个体上没有任何规律，纯属偶然性，但从总体上看，误差的取值范围、大小和符号却服从一定的统计规律，这类误差称为偶然误差，或随机误差。偶然误差是不可避免的，在测量中为了降低偶然误差的影响，提高观测精度，通常采用如图1-13所示的方法处理偶然误差。

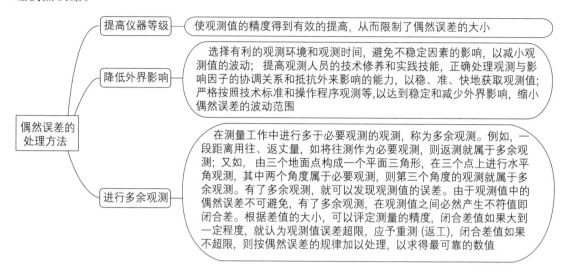

图 1-13　偶然误差的处理方法

3. 粗差

粗差是一些不确定因素引起的误差，对于其产生的原因历来说法不一。有人认为粗差与偶然误差具有相同的方差、期望值不同，或者期望值相同、方差巨大；有人认为偶然误差与粗差具有相同的统计性质；还有一些学者认为粗差属于离散型随机变量。

当观测值中剔除了粗差，排除了系统误差的影响，或者与偶然误差相比系统误差处于次要地位后，占主导地位的偶然误差就成了研究的主要对象。从单个偶然误差来看，其出现的符号和大小没有一定的规律性，但对大量的偶然误差进行统计分析，就能发现其规律性。误差个数越多，规律性越明显。

五、　偶然误差特性

从单个偶然误差来看，其出现的符号和大小没有一定的规律性，但对大量的偶然误差进行统计分析，就能发现其规律性，误差个数越多，规律性越明显。

在同等观测条件下，对真值为 X 的某一量进行了 n 次观测，其观测值为 L_1，L_2，…，L_n，相应真误差为 Δ_1，Δ_2，…，Δ_n。Δ_i 可用下式表示：

$$\Delta_i = X - L_i$$

从单个偶然误差来看，其符号的正负和数值的大小没有任何规律性。但是，如果观测的次数很多，从其大量的偶然误差就能发现隐藏在偶然性下面的必然规律。进行统计的数量越大，规律性也越明显。

偶然误差的特性包括以下几个方面。

① 在一定观测条件下的有限次观测中，偶然误差的绝对值不会超过一定的限值。

② 绝对值较小的误差出现频率大，绝对值较大的误差出现的频率小。

③ 绝对值相等的正、负误差出现的频率大致相等。

④ 当观测次数无限增大时，偶然误差的算术平均值趋近于零，即偶然误差具有抵偿性，用公式表示为

$$\lim_{n \to \infty} \frac{\Delta_1 + \Delta_2 + \cdots + \Delta_n}{n} = \lim_{n \to \infty} \frac{[\Delta]}{n} = 0$$

误差的分布情况具有以下性质：误差的绝对值有一定的限值；绝对值较小的误差比绝对值较大的误差多；绝对值相等的正负误差的个数相近。

对于一系列的观测而言，不论其观测条件是好是差，也不论是对同一个量还是对不同的量进行观测，只要这些观测是在相同的条件下独立进行的，则所产生的一组偶然误差必然都具有上述的 4 个特性。

 有话说

误差与错误。在测量过程中，因各种原因会出现某些错误，但错误不属于误差范围内的问题。错误是由操作者操作失误所致，错误的结果与观测值无任何关系。错误可以一步一步校核，但误差是不可避免的。

第二章 ▶▶

水准仪

第一节 水准测量的仪器及工具

水准测量所使用的仪器为水准仪，工具为水准尺和尺垫。水准仪按精度分，有 DS_{10}、DS_3、DS_1、DS_{05} 等几种不同等级的仪器。"D"表示大地测量仪器，"S"表示水准仪，下标中的数字表示仪器能达到的观测精度——每公里往返测高差中误差（mm）。例如，DS_3 型水准仪的精度为"±3mm"，DS_{05} 型水准仪的精度为"±0.5mm"。DS_{10} 和 DS_3 属普通水准仪，而 DS_1 和 DS_{05} 属精密水准仪。另外，从水准仪获得水平视线的方式来看，又可分为微倾式水准仪和自动安平水准仪。本章主要介绍常用的 DS_3 型微倾式水准仪。

一、DS_3 型微倾式水准仪的构造

DS_3 型微倾式水准仪，它主要由望远镜、水准器和基座三个基本部分组成，如图 2-1 所示。

水准仪的组装

扫码观看本视频

1. 望远镜

望远镜是用来瞄准目标并在水准尺上进行读数的部件，主要由物镜、

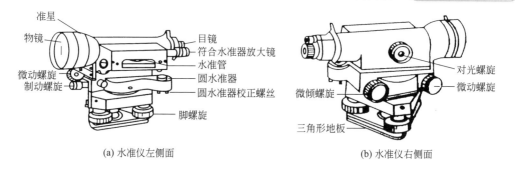

(a) 水准仪左侧面　　　　　　　　(b) 水准仪右侧面

图 2-1　DS_3 型微倾式水准仪

目镜、调焦透镜和十字丝分划板等部件组成。图 2-2 是 DS_3 型水准仪内对光望远镜构造图。望远镜的组成如图 2-3 所示。

2. 水准器

水准器是水准仪的重要部件，借助于水准器才能使视准轴处于水平位置。水准器分为管水准器和圆水准器，管水准器又称为水准管。

（1）管水准器（水准管）

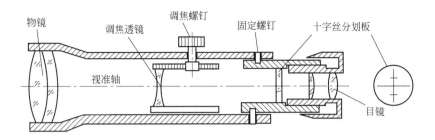

图 2-2　DS₃ 型水准仪内对光望远镜构造图

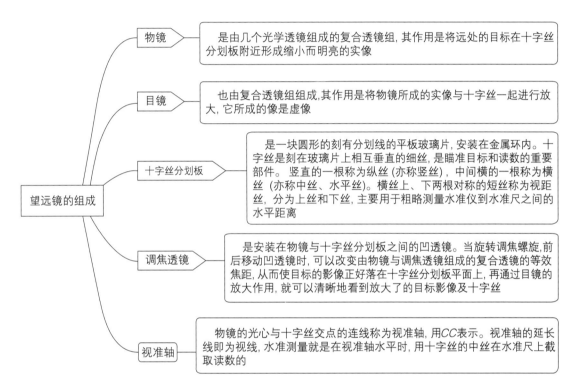

图 2-3　望远镜的组成

如图 2-4 所示，水准管的构造是将玻璃管纵向内壁磨成圆弧，管内装酒精和乙醚的混合液加热熔封而成，冷却后在管内形成一个气泡，在重力作用下，气泡位于管内最高位置。水准管圆弧中心为水准管零点，过零点的水准管圆弧纵切线称为水准管轴，用 LL 表示，水准管轴也是水准仪的重要轴线。当水准管零点与气泡中心重合时，称为气泡居中。气泡居中时，水准管轴 LL 处于水平位置；否则，LL 处于倾斜位置。由于水准管轴与水准仪的视准轴平行，便可以根据水准管气泡是否居中来判断视准轴是否处于水平状态。

为便于确定气泡居中，在水准管上刻有间距为 2mm 的分划线，分划线对称于零点，当气泡两端点距水准管两端刻划的格数相等时，即为水准管气泡居中。水准管上相邻两分划线间的圆弧（弧长 2mm）所对的圆心角，称为水准管分划值，用 r 表示。r 值的大小与水准管圆弧半径 R 成反比，半径 R 越大，r 值越小，灵敏度越高。水准仪上水准管圆弧的半径一般为 7～20m，所对应的 r 值为 20″～60″。水准管的 r 值较小，因而用于精平视线。

为了提高观察水准管气泡是否居中的精度，在水准管上方装有符合棱镜，如图 2-5（a）所示。通过符合棱镜的反射作用，把气泡两端的半边影像反映到望远镜旁的观察窗内。当两

端半边气泡影像符合在一起，构成 U 形时，则气泡居中，如图 2-5（b）所示。若成错开状态，则气泡不居中，如图 2-5（c）所示。这种设有符合棱镜的水准管，称为符合水准器。

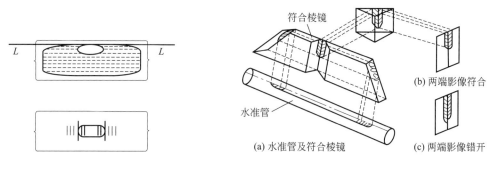

图 2-4　管水准器（水准管）　　　　图 2-5　符合水准器

（2）圆水准器

如图 2-6 所示，圆水准器顶面内壁是球面，正中刻有一圆圈，圆圈中心为圆水准器零点。过零点的球面法线称为圆水准器轴，用 $L'L'$ 表示。当气泡居中时，圆水准器轴处于竖直位置。不居中时，气泡中心偏离零点 2mm 所对应的圆水准器轴倾斜角值称为圆水准器分划值，DS_3 水准仪一般为 $8'\sim10'$。由于它的精度较低，故只用于仪器的粗略整平。

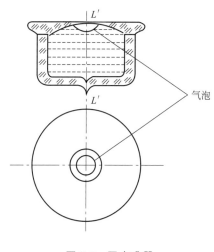

图 2-6　圆水准器

 相关知识点 ▶▶

　　分划值。分划值可以理解为当气泡移动 2mm 时，水准管轴所倾斜的角度。分划值越小，水准管灵敏度越高，用它来整平仪器就越精确。

3. 基座

基座由轴座、脚螺旋和底板等构成，其作用是支撑仪器的上部并与三脚架相连。轴座用于仪器的竖轴在其内旋转，脚螺旋用于调整圆水准器气泡居中，底板用于整个仪器与下部三脚架连接。

二、 水准测量的其他工具

1. 水准尺

水准尺是水准测量的重要工具，水准尺有倒像的，也有正像的，使用时要与仪器配套。水准尺采用经过干燥处理且伸缩性较小的优质木材制成，现在也有用玻璃钢或铝合金制成的水准尺。从外形看，常见的有直尺和塔尺两种，如图 2-7 所示。

（1）直尺

常用的直尺为木质双面尺，尺长 3m，两根为一对，如图 2-7（a）所示。直尺的两面分别绘有黑白和红白相间的区格式厘米分划，黑白相间的一面称为黑面尺，亦称为主尺；红白相间的一面称为红面尺，亦称为辅尺。在每一分米（dm）处均有两个数字组成的注记，第一个表示米（m），第二个表示分米（dm），例如"13"表示 1.3m。在水准测量中，水准尺必须成对使用。每对双面尺的黑面底端起点为零，红面底端起点一根为 4687（mm），另一根为 4787（mm）。设置两面起点不同的目的，是为了检核水准测量作业时读数的正确性。为了便于扶尺和竖直，在尺的两侧面装有把手圆水准器。双面水准尺由于直尺整体性好，故多用于精度较高的水准测量中。

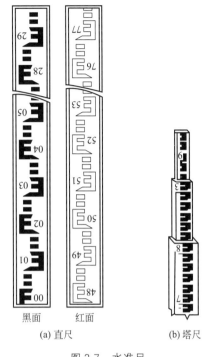

黑面　　红面
(a) 直尺　　　　　(b) 塔尺

图 2-7　水准尺

（2）塔尺

塔尺由两节或三节套接在一起，其长度有 3m、4m 和 5m 等，如图 2-7（b）所示。塔尺最小分为 1cm 或 0.5cm，一般为黑白相间或红白相间，底端起点均为零。每分米处有由点和数字组成的注记，点数表示米（m），数字表示分米（dm），例如"·3"表示 3.3m。塔尺连接处稳定性较差，精度低于直尺，但携带方便，适用于地形图测绘和施工测量等。

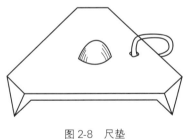

图 2-8　尺垫

2. 尺垫

尺垫用生铁铸成，一般为三角形，如图 2-8 所示。尺垫下部有三个支脚，上部中央有一凸起的半球体。尺垫用于进行多测站连续水准测量时，在转点上作为临时立尺点，以防止水准尺下沉和立尺点移动。使用时应将尺垫的支脚牢固地踩入地下，然后将水准尺立于其半球顶上。

第二节 **水准仪的操作方法、 检验与校正**

一、 水准仪的操作

在一个测站上，水准仪的使用包括仪器的架设、粗略整平、瞄准水准尺、精确整平与读数 4 个操作步骤。

1. 仪器的架设

首先，打开三脚架，调节架腿至适当的高度，并调整架头使其大致水平，检查脚架伸缩螺旋是否拧紧。然后，将水准仪置于三脚架头上。注意，需要一手扶住仪器，另一手用中心连接螺旋将仪器牢固地连接在三脚架上，以防仪器从架头滑落。

水准仪的操作步骤

扫码观看本视频

2. 粗略整平

首先，将三脚架中的两个脚架踏实，操纵另一脚架左右、前后缓缓移动，使圆水准气泡基本居中，再将此脚架踏实，然后，调节脚螺旋使气泡完全居中。调节脚螺旋的方法如图 2-9 所示。在整平过程中，气泡移动的方向与左手（右手）大拇指转动方向一致（相反）。有时，要按上述方法反复调整脚螺旋，才能使气泡完全居中。

粗略整平的目的是使用仪器脚螺旋将圆水准器气泡调节到居中位置，借助圆水准器的气泡居中，使仪器竖轴大致铅直，视准轴粗略水平。

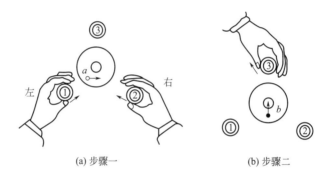

(a) 步骤一   (b) 步骤二

图 2-9 圆水准气泡整平

3. 瞄准水准尺

① 目镜对光 将望远镜对着明亮背景，转动目镜调焦螺旋使十字丝成像清晰。

② 粗略照准 松开制动螺旋，转动望远镜，用望远镜筒上部的准星和照门大致对准水准尺后，拧紧制动螺旋。

③ 精确照准 从望远镜内观察目标，调节物镜调焦螺旋，使水准尺成像清晰。最后用微动螺旋转动望远镜，使十字丝竖丝对准水准尺的中间稍偏一点，以便进行读数。

④ 消除视差 在物镜调焦后，当眼睛在目镜端上下稍微移动时，有时会出现十字丝与目标有相对运动的现象，这种现象称为视差。产生视差的原因是目标通过物镜所成的像没有与十字丝平面重合，如图 2-10 所示。由于视差的存在会影响观测结果的准确性，所以必须加以消除。

消除视差的方法是仔细地反复进行目镜和物镜调焦，直至眼睛上、下移动读数不变为止。此时，从目镜端所见到十字丝与目标的像都十分清晰。

4. 精确整平与读数

精确整平是在读数前调节微倾螺旋至气泡居中，使得水准仪视准轴得到精确的水平视线。精平时，由于气泡移动的惯性，所以需要轻轻转动微倾螺旋。只有符合气泡两端影像完全吻合且稳定不动，才表示水准仪视准轴处于精确水平位置。

符合水准器气泡居中后，即可读取十字丝中丝在水准尺上的读数。直接读出 m、dm 和 cm，估读出 mm，如图 2-11 所示。现在的水准仪多采用倒像望远镜，因此读数时应从小到

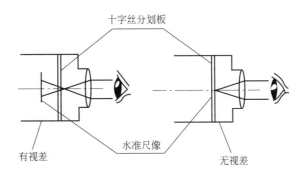

图 2-10　视差现象

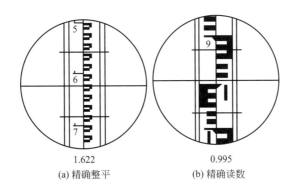

1.622　　　　　　　　0.995

(a) 精确整平　　　　　(b) 精确读数

图 2-11　精确整平后读数

大，即从上往下读。采用正像望远镜的，读数与此相反。

在水准测量的实施过程中，通常将精确整平与读数两项操作视为一体。读数后还要检查管水准气泡是否完全符合，只有这样，才能取得准确的读数。当改变望远镜的方向做另一次观测时，管水准气泡可能偏离中央，必须再次调节微倾螺旋，使气泡吻合才能读数。

二、　水准仪的检验与校正

1. 水准仪应满足的几何条件

水准仪的主要轴线包括视准轴、水准管轴、仪器竖轴和圆水准器轴，以及十字丝横丝，如图 2-12 所示。根据水准测量原理，水准仪必须提供一条水平视线，才能正确地测出两点间的高差。为此，水准仪各轴线间应满足如图 2-13 所示的几何条件。

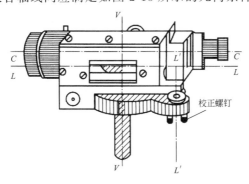

图 2-12　水准仪的主要轴线

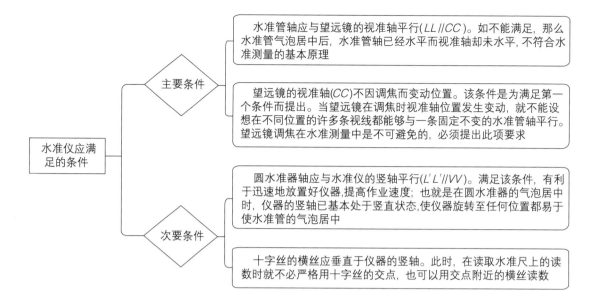

水准管轴应与望远镜的视准轴平行($LL // CC$)。如不能满足,那么水准管气泡居中后,水准管轴已经水平而视准轴却未水平,不符合水准测量的基本原理

望远镜的视准轴(CC)不因调焦而变动位置。该条件是为满足第一个条件而提出。当望远镜在调焦时视准轴位置发生变动,就不能设想在不同位置的许多条视线都能够与一条固定不变的水准管轴平行。望远镜调焦在水准测量中是不可避免的,必须提出此项要求

主要条件

水准仪应满足的条件

次要条件

圆水准器轴应与水准仪的竖轴平行($L'L' // VV$)。满足该条件,有利于迅速地放置好仪器,提高作业速度;也就是在圆水准器的气泡居中时,仪器的竖轴已基本处于竖直状态,使仪器旋转至任何位置都易于使水准管的气泡居中

十字丝的横丝应垂直于仪器的竖轴。此时,在读取水准尺上的读数时就不必严格用十字丝的交点,也可以用交点附近的横丝读数

图2-13　水准仪应满足的条件

2. 圆水准器轴的检验与校正

① 检验方法　安置水准仪后,转动脚螺旋使圆水准器气泡居中,如图2-14(a)所示。此时,圆水准器轴处于铅垂。然后,将望远镜绕竖轴旋转180°,如气泡仍居中,表示此项条件满足要求;若气泡偏离中心,如图2-14(b)所示,则应进行校正。

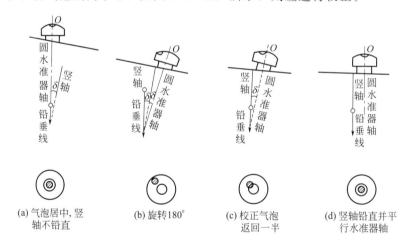

(a) 气泡居中, 竖　　　(b) 旋转180°　　　(c) 校正气泡　　　(d) 竖轴铅直并平
　　轴不铅直　　　　　　　　　　　　　　　返回一半　　　　　行水准器轴

图2-14　圆水准器检验校正原理

检验原理:当圆水准器气泡居中时,圆水准器轴处于铅垂位置;若圆水准器轴与竖轴不平行,则竖轴与铅垂线之间出现倾角δ。当望远镜绕倾斜的竖轴旋转180°后,仪器的竖轴位置并没有改变,而圆水准器轴却转到了竖轴的另一侧。这时,圆水准器轴与铅垂线夹角为2δ,则圆水准器气泡偏离零点,其偏离零点的弧长所对的圆心角为2δ。

② 校正方法　校正时,用脚螺旋使气泡向零点方向移动偏离长度的一半,这时竖轴处于铅垂位置,如图2-14(c)所示。然后用校正针调整圆水准器下面的三个校正螺钉,使气泡居中。这时,圆水准器轴便平行于仪器竖轴,如图2-14(d)所示。

校正螺钉位于圆水准器的底部,如图2-15所示。校正需要反复进行数次,直到仪器旋

转到任何位置圆水准器气泡都居中为止，校正完毕后，应拧紧固定螺钉。

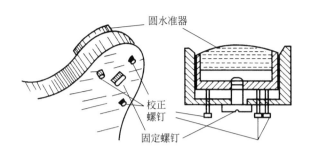

图 2-15　圆水准器的校正螺钉

3. 十字丝的检验与校正

① 检验方法　整平仪器后，用十字丝横丝的一端对准一个清晰固定点 M，如图 2-16
（a）所示，然后拧紧制动螺旋，再用微动螺旋使望远镜缓慢移动。如果 M 点始终在横丝上
移动，如图 2-16（b）所示，说明条件满足；若 M 点移动的轨迹离开了横丝，如图 2-16
（c）、（d）所示，则需要校正。

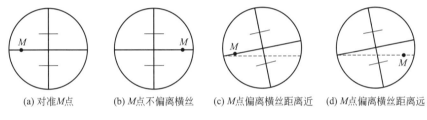

(a) 对准 M 点　　(b) M 点不偏离横丝　　(c) M 点偏离横丝距离近　　(d) M 点偏离横丝距离远

图 2-16　十字丝的检验

② 校正方法　拧下十字丝护罩，松开十字丝分划板座固定螺钉，微转动十字丝环，使
横丝水平，将固定螺钉拧紧，拧上护罩。

有话说

　　转动水平微动螺旋，如果目标点始终沿横丝作相对移动，说明十字丝垂直于竖轴；如
果目标偏离横丝，则说明十字丝不垂直于竖轴，该十字丝需要校正。

4. 水准管轴的检验与校正

① 检验方法　在较为平坦的地面上选择相距 $70 \sim 80\text{m}$ 左右的 A、B 两点，打入木桩或
安放尺垫，如图 2-17 所示。将水准仪安置在 A、B 两点的中点 O 处，使得 $OA = OB$。用变
仪器高法（或双面尺法）测出 A、B 两点高差，两次测量高差之差小于 3mm 时，取其平均
值 h_{AB} 作为最后结果。

由于仪器距 A、B 两点等距离，不论水准管轴是否平行视准轴，在 O 点处测出的高差
h_{AB} 都是正确的高差，如图 2-17（a）所示。由于距离相等，两轴不平行误差 Δ 可在高差计
算中自动消除，故高差 h_{AB} 不受视准轴误差的影响。

将仪器搬至距 A 点 $2 \sim 3\text{m}$ 的 O' 处，精平后，分别读取 A 点尺和 B 点尺的中丝读数 a_1
和 b_1，如图 2-17（b）所示。因仪器距 A 很近，水准管轴不平行视准轴引起的读数误差可

忽略不计，故可计算出仪器在 O' 处时，B 点尺上水平视线的正确读数为

$$b'_1 = a_1 - h_{AB}$$

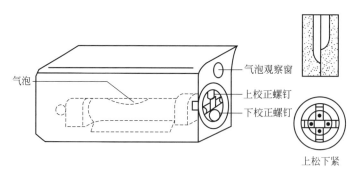

图 2-17　水准管轴平行视准轴的检验

实际测出的 b' 如果与计算得到的 b'_0 相等，则表明水准管轴平行视准轴；否则，两轴不平行，其夹角为

$$i = \frac{b' - b'_0}{D_{AB}} \rho$$

式中，ρ 为常数，$\rho = 206265''$。

对于 DS_3 型微倾式水准仪，i 角不得大于 $20''$，否则需要对水准仪进行校正。

② 校正方法　仪器在 O' 处，调节微倾螺旋，使中丝在 B 点尺上的中丝读数移到 b'_0，这时视准轴处于水平位置，但水准管气泡不居中（符合气泡不吻合）。用校正针拨动水准管一端的上、下两个校正螺钉，先松一个，再紧另一个，将水准管一端升高或降低，使符合气泡吻合，如图 2-18 所示。再拧紧上、下两个校正螺钉。此项校正要反复进行，直到 i 角小于 $20''$ 为止。

图 2-18　水准管的校正

虽然水准仪在出厂时经过检验和校正，但是由于运输途中的颠簸和使用，各轴线之间的关系有可能发生改变，因此在作业前，须对仪器进行检验与校正。

第三节 水准测量的误差及注意事项

一、仪器误差

仪器产生的误差如图 2-19 所示。

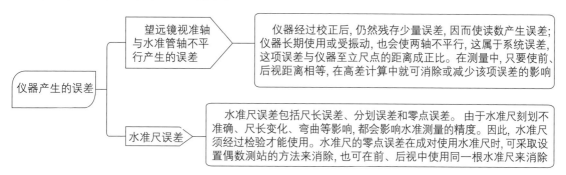

仪器产生的误差 —— 望远镜视准轴与水准管轴不平行产生的误差 —— 仪器经过校正后，仍然残存少量误差，因而使读数产生误差；仪器长期使用或受振动，也会使两轴不平行，这属于系统误差，这项误差与仪器至立尺点的距离成正比。在测量中，只要使前、后视距离相等，在高差计算中就可消除或减少该项误差的影响

水准尺误差 —— 水准尺误差包括尺长误差、分划误差和零点误差。由于水准尺刻划不准确、尺长变化、弯曲等影响，都会影响水准测量的精度。因此，水准尺须经过检验才能使用。水准尺的零点误差在成对使用水准尺时，可采取设置偶数测站的方法来消除，也可在前、后视中使用同一根水准尺来消除

图 2-19 仪器产生的误差

二、观测误差

（1）整平误差

在水准尺上读数时，水准管轴应处于水平位置，如果精平仪器时，水准管气泡没有精确居中，则水准管轴有一微小倾角，从而引起视准轴倾斜而产生误差。水准管气泡居中误差一般为 $\pm 0.15\tau$（τ 为水准管分划值），采用符合水准器时，气泡居中精度可提高一倍，故由气泡居中误差引起的读数误差为

$$m_\tau = \frac{0.15\tau}{2\rho}D$$

式中　D——水准仪到水准尺的距离。

（2）读数误差

估读毫米数产生的误差，该项误差与人眼分辨能力、望远镜放大率以及视线长度有关。所以，要求望远镜的放大倍率在 20 倍以上，视线长度一般不得超过 100m。读数误差 m_V 通常按下式计算：

$$m_V = \frac{60''}{V} \times \frac{D}{\rho}$$

式中　V——望远镜放大率；

　　$60''$——人眼能分辨的最小角度。

为保证估读数精度，各等级水准测量对仪器望远镜的放大率和最大视线长都有相应规定。

（3）视差影响

当仪器十字丝平面与水准尺影像不重合，眼睛观察位置的不同而读出不同的读数，这就

是视差，视差会直接产生读数误差。操作中应避免出现视差。

（4）水准尺倾斜误差

测量时，水准尺应扶直。若水准尺倾斜，读数会高于尺子竖直时的读数，且视线越高，水准尺倾斜引起的误差就越大。

三、 外界条件的影响

（1）仪器下沉

由于测站处土质松软使仪器下沉，视线降低，便会引起高差误差。减小这种误差的办法如图 2-20 所示。

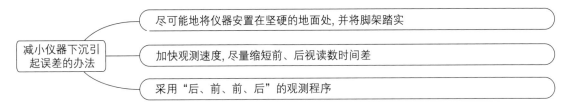

图 2-20 减小仪器下沉引起误差的办法

（2）转点下沉

仪器搬至下一站尚未读后视读数的一段时间内，如果此时转点处尺垫下沉，会使下一站后视读数增大，引起高差误差。所以转点应设置在坚硬的地方并将尺垫踏实，或采取往返观测的方法，取其成果的平均值，可以消减其影响。

（3）地球曲率差的影响

水准测量时，水平视线在尺上的读数 b，理论上应改算为相应水准面截于水准尺的读数 b'，两者的差值 c，称为地球曲率差，其计算式如下。

$$c = \frac{D^2}{2R}$$

式中　D——水准仪到水准尺的距离；

　　　R——地球半径，取 6371km。

水准测量中，当前、后视距相等时，通过高差计算可消除该误差对高差的影响，如图 2-21 所示。

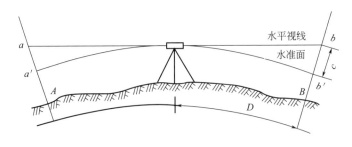

图 2-21 地球曲率差的影响

（4）大气折光影响

因为大气层密度不同，光线发生折射，视线产生弯曲，从而使水准测量产生误差。因而水准测量中，实际上尺的读数不是一水平视线的读数，而是一向下弯曲视线的读数。两者之差称为大气折光差，用 γ 表示。在稳定的气象条件下，大气折光差约为地球曲率差的 $1/7$，即

$$\gamma = \frac{1}{7}c = 0.07\frac{D^2}{R}$$

水准测量中，当前、后视距相等时，通过高差计算可消除该误差对高差的影响。精密水准测量还应选择良好的观测时间（一般认为在日出后或日落前 2h 为好），并控制视线高出地面一定距离，以避免视线发生不规则折射引起的误差。

地球曲率差和大气折光差是同时存在的，两者对读数的共同影响可用下式计算：

$$f = c - \gamma = 0.43\frac{D^2}{R}$$

（5）温度的影响

温度的变化不仅会引起大气折光变化，造成水准尺影像在望远镜内十字丝面内上、下跳动，难以读数。当烈日直晒仪器时也会影响水准管气泡居中，造成测量误差。因此，水准测量时，应撑伞保护仪器，选择有利的观测时间。

四、 注意事项

为杜绝测量成果中存在的错误，提高观测成果的精度，水准测量还应注意如图 2-22 所示事项。

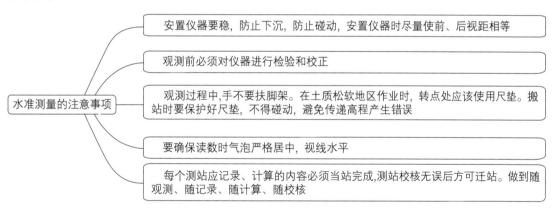

图 2-22 水准测量的注意事项

有话说

在使用仪器前，应先用软毛刷刷掉望远镜和目镜上的灰尘，再用镜头纸擦。擦拭时，应由中间向外进行，每擦拭一次，就要换一下镜头纸的位置，防止裹着的灰尘微粒划伤镜头。拆卸仪器时，轻轻拧动螺钉，如有锈迹，应先除锈。

第四节 其他水准仪

一、自动安平水准仪

其他测量仪器的介绍

扫码观看本视频

自动安平水准仪的特点是没有水准管和微倾螺旋，只需根据圆水准器将仪器整平。尽管视准轴尚有微小倾斜，但是借助在望远镜的光学系统中装置的一种利用重力的补偿装置，仍能利用十字丝横丝读出相当于视准轴水平时的尺上读数。由于仪器不用调节水准管气泡居中，从而简化了操作，而且对于工、场地地面的微小振动、松软土地的仪器下沉以及大风吹刮等不利因素，能迅速自动安平仪器，从而提高了水准测量的观测速度与精度。

1. 工作方式

在水准仪望远镜的光学系统中，设置一种利用地球重力作用的补偿器，以改变光路。圆水准器气泡居中后，视准轴仍存在一个微小倾角 α，使通过物镜光心的水平光线经过补偿器后偏转一个 β 角，仍能通过十字丝交点，这样十字丝交点上读出的水准尺读数，即为视线水平时应该读出的水准尺读数，如图 2-23 所示。若要实现此功能，补偿器必须满足：

$$f\alpha = s\beta = i_{AB}$$

式中　f——物镜等效焦距；

　　　s——补偿器到十字丝交点 A 的距离；

　　i_{AB}——A、B 两点间的夹角。

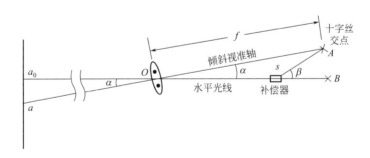

图 2-23　自动安平原理

当视准轴存在一定的倾斜（倾斜角限度为 $\pm 10'$），在十字丝交点 A 处能读到水平视线的读数 a_0，达到了自动安平的目的。

2. 补偿器的结构

补偿器的结构形式较多，一般常用的有两种：一种是悬挂的十字丝板，另一种是悬挂的棱镜组。我国生产的 DSZ₃ 型自动安平水准仪是采用悬挂棱镜组，借助重力作用达到补偿。

补偿器装在对光透镜和十字丝分划板之间，其结构是将一个屋脊棱镜固定在望远镜筒上，在屋脊棱镜下方用交叉金属丝悬吊着两块直角棱镜。当望远镜有微小倾斜时，直角棱镜在重力的作用下，与望远镜做相反方向的偏转，如图 2-24 所示。空气阻尼器的作用是使悬吊的两块直角棱镜迅速处于静止状态（在 1~2s 内）。

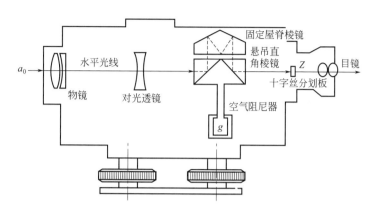

图 2-24 DSZ$_3$ 型自动安平水准仪构造

在入射线方向不变的条件下，当反射面旋转一个角度 α 时，反射线将从原来的行进方向偏转 2α 的角度，如图 2-25 所示。补偿器的补偿光路即是根据这一光学原理设计的。

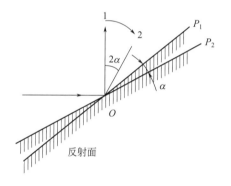

图 2-25 平面镜全反射原理

补偿器既要灵敏地反映出望远镜倾斜的变化，又能使视准轴迅速地稳定，便于读数。因此，补偿器通常由三部分组成，如图 2-26 所示。

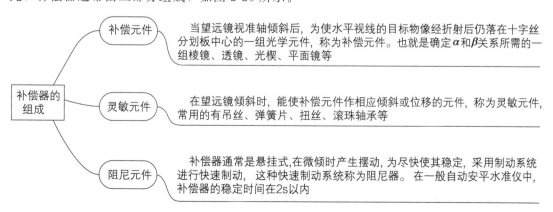

图 2-26 补偿器的组成

3. 使用方法

自动安平水准仪的使用与一般微倾式水准仪的操作方法基本相同，而不同之处为自动安平水准仪不需要"精平"这一项操作。自动安平水准仪仅有圆水准器，因此，安置自动安平水准仪时，只要转动脚螺旋，使圆水准器气泡居中，补偿器即能起自动安平的作用。自动安平水准仪若长期未使用，则在使用前应检查补偿器是否失灵。

二、 精密水准仪

精密水准仪主要用于国家一、二等水准测量和高精度工程测量。DS_{05} 和 DS_1 型水准仪属于精密水准仪。精密水准仪能够比一般水准仪更加精确地读取读数。

精密水准仪的基本构造与普通微倾式水准仪相同，由望远镜、水准器和基座三个部分组成，如图 2-27 所示。

图 2-27　精密水准仪

1—物镜；2—测微螺旋；3—微动螺旋；4—脚螺旋；5—目镜；
6—读数显微镜；7—粗平水准管；8—微倾螺旋

1. 精密水准仪的结构特点

精密水准仪的结构特点如图 2-28 所示。

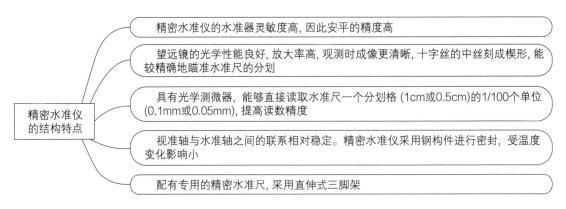

图 2-28　精密水准仪的结构特点

2. 精密水准仪的构造原理

精密水准仪较 DS_3 水准仪有更好的光学和结构性能，具有仪器结构坚固、水准管轴与视准轴关系稳定、受温度影响小等特点。

精密水准仪的光学测微器由平行玻璃板、传动杆、测微轮和测微分划尺组成，如图2-29所示。平行玻璃板装在水准仪物镜前，其转动的轴线与视准轴垂直相交，平行玻璃板与测微分划尺之间用带有齿条的传动杆连接。

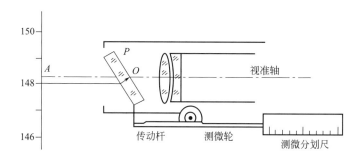

图 2-29　光学测微器的构造与读数

测微分划尺有 100 个分格，与水准尺上的分划格（1cm 或 0.5cm）相对应，若水准尺上的分划值为 1cm，则测微分划尺能直接读到 0.1mm。读数原理如图 2-29 所示，当平板玻璃与水平的视准轴垂直时，视线不受平行玻璃的影响，对准水准尺的 A 处，即读数为 148cm+a。为了精确读出 a 的值，需转动测微轮使平行玻璃板倾斜一个小角，视线经平行玻璃板的作用而上、下移动，准确对准水准尺上 148cm 分划后，再从读数显微镜中读取 a 值，从而得到水平视线截取水准尺上 A 点的读数。

3. 精密水准仪的操作方法与读数

精密水准仪的操作方法与一般水准仪基本相同，仅读数方法有些差异。在水准仪精平后，即用微倾螺旋调节符合气泡居中（气泡影像在目镜视场内左右方），十字丝中丝往往不能对准水准尺上某一整分划线，这时就要转动测微轮使视线上、下平行移动，十字丝的楔形丝恰好精确夹住一个整分划线，被夹住的分划线读数为 m、dm、cm。此时，视线上下平移的距离则由测微器读数窗中读出 mm。实际读数为全部读数的一半。如图 2-30 所示，从望远镜内直接读出楔形丝夹住的读数为 1.97m，再在读数显微镜内读出 cm 以下的读数为 1.54mm。水准尺全部读数为 1.97＋0.00154＝1.97154（m），但实际读数为 1.97154/2＝0.98577（m）。

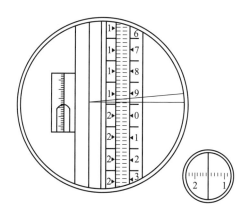

图 2-30　精密水准仪的尺寸读数

测量时，无须每次将读数除以 2，而是将由直接读数算出的高差除以 2，求出实际高差值。

 相关知识点 ▶▶

精密水准仪必须具备的几点要求。

① 高质量的望远镜光学系统。

② 高灵敏的管水准器。

③ 高精密的测微器装置。

④ 坚固稳定的仪器结构。

⑤ 高性能的补偿器装置。

三、 电子水准仪

电子水准仪又称数字水准仪，如图 2-31 所示，它的光学系统采用的是自动安平水准仪的基本形式，是一种集电子、光学、图像处理、计算机技术于一体的自动化智能水准仪。电子水准仪采用条码标尺进行读数，各厂家因标尺编码的条码图案不同，故不能互换使用。目前照准标尺和调焦仍需目视进行。世界上第一台数字水准仪是徕卡公司于 1990 年推出的NA3000 系列，现已发展到第三代产品。

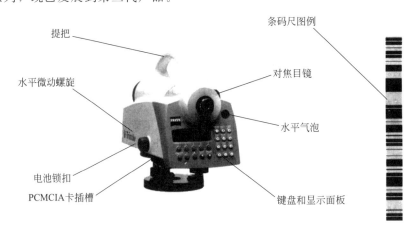

提把

水平微动螺旋

电池锁扣

PCMCIA卡插槽

条码尺图例

对焦目镜

水平气泡

键盘和显示面板

图 2-31　DINI12 电子水准仪及条码尺

1. 电子水准仪的工作原理

望远镜照准目标并启动测量按键后，条码尺上的刻度分划图像在望远镜中成像，通过分光镜分成可见光和红外光两部分，可见光影像成像在十字丝分划板上，供人眼监视；红外光影像成像在 CCD 阵列光电探测器（传感器）上，转射到 CCD 的视频信号被光敏二极管所感应，随后转化成电信号，经整形后进入模数转换系统（A/D），从而输出数字信号送入微处理器处理（由其操作软件计算），处理后的数字信号，一路存入 PC 卡，一路输出到面板的液晶显示器，从而完成整个测量过程。

当前，电子水准仪采用了三种电子读数方法：相关法（徕卡 NA3002/3003）、几何法（蔡司 DINI10/20）（DINI12）、相位法（拓普康 DL101C/102C）。

2. 电子水准仪的特点

电子水准仪的特点如图 2-32 所示。

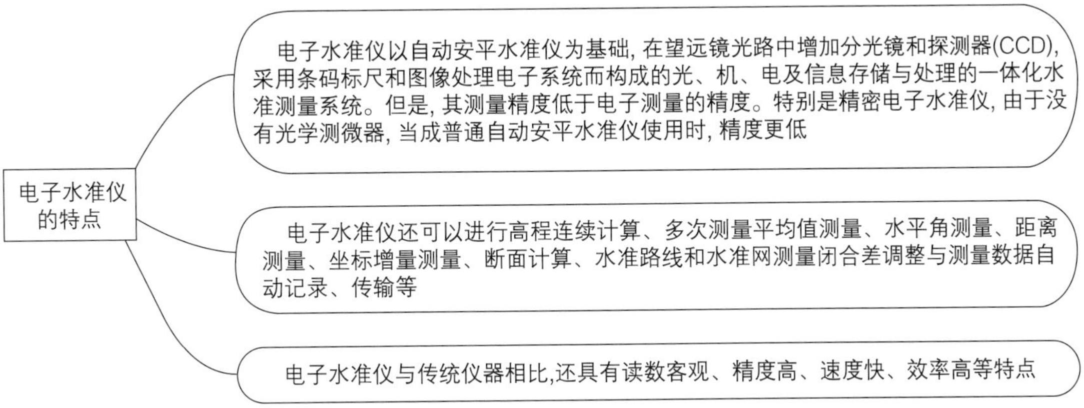

电子水准仪以自动安平水准仪为基础, 在望远镜光路中增加分光镜和探测器(CCD), 采用条码标尺和图像处理电子系统而构成的光、机、电及信息存储与处理的一体化水准测量系统。但是, 其测量精度低于电子测量的精度。特别是精密电子水准仪, 由于没有光学测微器, 当成普通自动安平水准仪使用时, 精度更低

电子水准仪的特点

电子水准仪还可以进行高程连续计算、多次测量平均值测量、水平角测量、距离测量、坐标增量测量、断面计算、水准路线和水准网测量闭合差调整与测量数据自动记录、传输等

电子水准仪与传统仪器相比,还具有读数客观、精度高、速度快、效率高等特点

图 2-32 电子水准仪的特点

3. 使用注意事项

电子水准仪使用注意事项如图 2-33 所示。

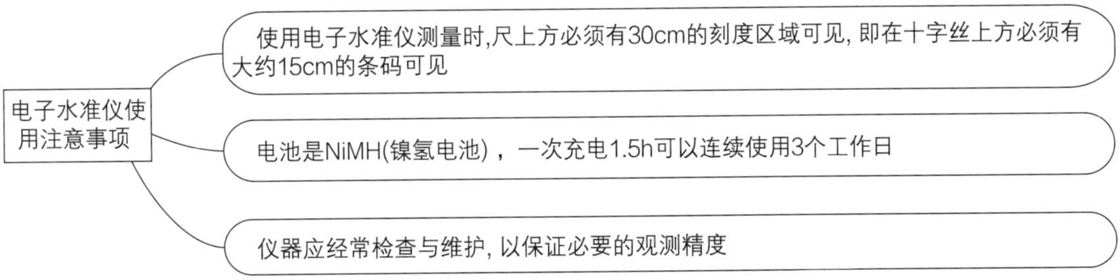

电子水准仪使用注意事项

使用电子水准仪测量时,尺上方必须有30cm的刻度区域可见,即在十字丝上方必须有大约15cm的条码可见

电池是NiMH(镍氢电池), 一次充电1.5h可以连续使用3个工作日

仪器应经常检查与维护,以保证必要的观测精度

图 2-33 电子水准仪使用注意事项

第三章 ▶▶

经纬仪

第一节 经纬仪的构造及使用方法

一、 经纬仪的构造

经纬仪的组装

扫码观看本视频

经纬仪的种类很多，如光学经纬仪、电子经纬仪、激光经纬仪、陀螺经纬仪、摄影经纬仪等，但基本结构大致相同。光学经纬仪是测量工作中最普遍采用的测角仪器。目前，国产光学经纬仪按精度不同分为 DJ$_{07}$、DJ$_1$、DJ$_2$、DJ$_6$ 等不同等级。D、J 分别是"大地测量""经纬仪"两词汉语拼音的第一个字母；下标 07、1、2、6 等表示该类仪器的精度指标，表示用该等级经纬仪进行水平角观测时，一测回方向值的中误差，以秒（′）为单位，数值越大则精度越低。按度盘的性质划分，有金属度盘经纬仪、光学度盘经纬仪、自动记录的编码度盘经纬仪（电子经纬仪）及集测角、测距、记录于一体的仪器（全站仪）等。

在普通测量中，常用的是 DJ$_6$ 型和 DJ$_2$ 型光学经纬仪，其中 DJ$_6$ 型经纬仪属普通经纬仪，DJ$_2$ 型经纬仪属精密经纬仪。本节将以 DJ$_6$ 型经纬仪为主介绍光学经纬仪的构造。

各种型号的光学经纬仪，由于生产厂家的不同，仪器的部件和结构不尽一样，但是其基本构造大致相同，主要由基座、水平度盘、照准部三大部分组成，如图 3-1（a）所示。现将各部件名称［图 3-1（b）］和作用分述如下。

1. 基座

基座部分的组成如图 3-2 所示。

2. 水平度盘

水平度盘是用光学玻璃制成的圆盘，其上刻有 0°～360° 顺时针注记的分划线，用来测量水平角。水平度盘是固定在空心的外轴上，并套在筒状的轴座外面，绕竖轴旋转。而竖轴则插入基座的轴套内，用轴座固定螺钉与基座连接在一起。

水平角测量过程中，水平度盘与照准部分离，照准部旋转时，水平度盘不动，指标所指读数随照准部的转动而变化，从而根据两个方向的不同读数计算水平角。如需瞄准第一个方向时变换水平度盘读数为某个指定的值（如 0°00′00″），可打开度盘配置手轮的护盖或保护扳手，拨动手轮，把度盘读数变换到需要的读数上。

3. 照准部

照准部是光学经纬仪的重要组成部分，主要包括望远镜、照准部水准管、圆水准器、光学光路系统、读数测微器以及用于竖直角观测的竖直度盘和竖盘指标水准管等。照准部可绕

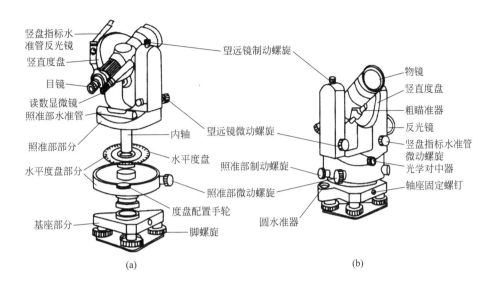

图 3-1 DJ₆ 型光学经纬仪构造

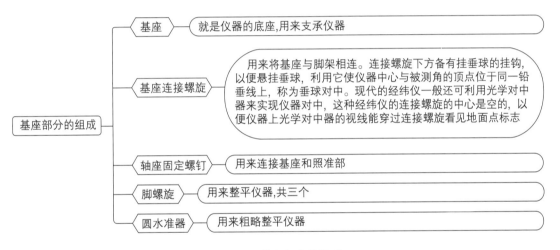

图 3-2 基座部分的组成

竖轴在水平面内转动。

① 望远镜——望远镜构造与水准仪望远镜相同，它与横轴连在一起，当望远镜绕横轴旋转时，视线可扫出一个竖直面。

② 望远镜制动、微动螺旋——望远镜制动螺旋用来控制望远镜在竖直方向上的转动，望远镜微动螺旋是当望远镜制动螺旋拧紧后，用此螺旋使望远镜在竖直方向上作微小转动，以便精确对准目标。

③ 照准部制动、微动螺旋——照准部制动螺旋控制照准部在水平方向的转动。照准部微动螺旋是当照准部制动螺旋拧紧后，可利用此螺旋使照准部在水平方向上作微小转动，以便精确对准目标。利用制动与微动螺旋，可以方便准确地瞄准任何方向的目标。

有的 DJ₆ 型光学经纬仪的水平制动螺旋与微动螺旋是同轴套在一起的，方便了照准操作，一些较老的经纬仪的制动螺旋是采用扳手式的，使用时要注意制动的力度，以免损坏。

④ 照准部水准管——亦称管水准器，用来精确整平仪器。

⑤ 竖直度盘——竖直度盘和水平度盘一样，是光学玻璃制成的带刻划的圆盘，读数为

0°～360°，它固定在横轴的一端，随望远镜一起绕横轴转动，用来测量竖直角。竖盘指标水准管用来正确安置竖盘读数指标的位置。竖盘指标水准管微动螺旋用来调节竖盘指标水准管气泡居中。

另外，照准部还有反光镜、内部光路系统和读数显微镜等光学部件，用来精确地读取水平度盘和竖直度盘的读数。有些经纬仪还带有测微轮、换像手轮等部件。

二、光学经纬仪的读数方法

光学经纬仪上的水平度盘和竖直度盘都是用光学玻璃制成的圆盘，整个圆周划分为360°，每度都有注记。DJ$_6$型经纬仪一般每隔1°或30′有一分划线，DJ$_2$型经纬仪一般每隔20′有一分划线。度盘分划线通过一系列棱镜和透镜成像于望远镜旁的读数显微镜内，观测者用显微镜读取度盘的读数。各种光学经纬仪因读数设备不同，读数方法也不一样。

1. 分微尺测微器及其读数方法

目前DJ$_6$型光学经纬仪一般采用分微尺测微器读数法，分微尺测微器读数装置结构简单，读数方便、迅速。外部光线经反射镜从进光孔进入经纬仪后，通过仪器的光学系统，将水平度盘和竖直度盘的影像分别成像在读数窗的上半部和下半部，在光路中各安装了一个具有60个分格的尺子，其宽度正好与度盘上1°分划的影像等宽，用来测量度盘上小于1°的微小角值，该装置称为测微尺。

如图3-3所示，在读数显微镜中可以看到两个读数窗：注有"水平"（或"H"）的是水平度盘读数窗；注有"竖直"（或"V"）的是竖直度盘读数窗。每个读数窗上刻有分成60小格的分微尺，其长度等于度盘间隔1°的两分划线之间的放大后的影像宽度，因此分微尺上一小格的分划值为1′，可估读到0.1′，即最小读数为6″。

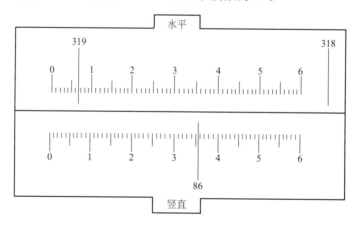

图3-3　分微尺测微器读数窗

读数时，先调节进光窗反光镜的方向，使读数窗光线充足，再调节读数显微镜的目镜，使读数窗内度盘的影像清晰，然后读出位于分微尺中的度盘分划线的注记度数，再以度盘分划线为指标，在分微尺上读取不足1°的分数，最后估读秒数，三者相加即得度盘读数。图3-3中，水平度盘读数为319°06′42″，竖直度盘读数为86°35′24″。

2. 对径分划线测微器及其读数方法

在DJ$_2$型光学经纬仪中，一般都采用对径分划线测微器来读数。DJ$_2$型光学经纬仪的精度较高，用于控制测量等精度要求高的测量工作中。图3-4所示是苏州某光学仪器厂生产的

DJ₂ 型光学经纬仪构造，其各部件的名称如图所注。

对径分划线测微器是将度盘上相对 180° 的两组分划线，经过一系列棱镜的反射与折射，同时反映在读数显微镜中，并分别位于一条横线的上、下方，成为正像和倒像。这种装置利用度盘对径相差 180° 的两处位置读数，可消除度盘偏心误差的影响。

这种类型的光学经纬仪，在读数显微镜中，只能看到水平度盘或竖直度盘的一种影像，通过转动度盘变换手轮（图 3-4 中的 9），使读数显微镜中出现需要读的度盘的影像。

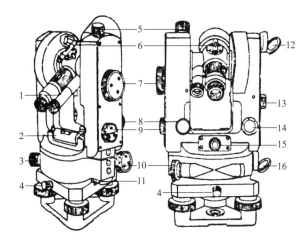

图 3-4　DJ₂ 型光学经纬仪构造

1—读数显微镜；2—照准部水准管；3—照准部制动螺旋；4—轴座固定螺旋；5—望远镜制动螺旋；
6—光学瞄准器；7—测微手轮；8—望远镜微动手轮；9—度盘变换手轮；10—照准部微动手轮；
11—水平度盘变换手轮；12—竖盘照明镜；13—竖盘指标水准管观察镜；
14—竖盘指标水准管微动手轮；15—光学对中器；16—水平度盘照明镜

近年来生产的 DJ₂ 型光学经纬仪，一般采用数字化读数装置，使读数方法较为简便。图 3-5 所示为照准目标时，读数显微镜中的影像，上部读数窗中数字为度数，凸出的小方框中所注数字为整 10′ 数，左下方为测微尺读数窗，右下方为对径分划线重合窗，此时对径分划不重合，不能读数。

先转动测微轮，使分划线重合窗中的上下分划线重合，如图 3-6 所示，然后在上部读数窗中读出度数 "227°"，在小方框中读出整 10′ 数 "50′"，在测微尺读数窗内读出分、秒数 "3′14.8″"，三者相加即为读数，即读数为 227°53′14.8″。

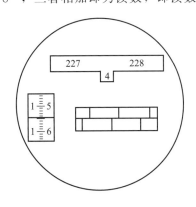

图 3-5　对径分划不重合

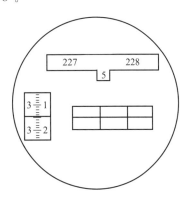

图 3-6　对径分划重合

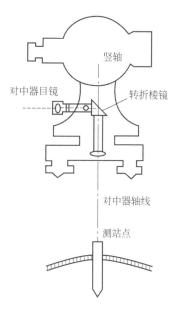

图 3-7 光学对中器构造

三、 经纬仪的使用方法

1. 安置经纬仪

进行角度测量时，首先要在测站上安置经纬仪。经纬仪的安置是把经纬仪安放在三脚架上并上紧中心连接螺旋，然后进行仪器的对中和整平。对中的目的是使仪器中心（或水平度盘中心）与地面上的测站点的标志中心位于同一铅垂线上；整平的目的是使仪器的竖轴竖直，水平度盘处于水平位置。对中和整平是两项互相影响的工作，尤其在不平坦地面上安置仪器时，影响更大，因此，必须按照一定的步骤与方法进行操作，才能准确、快速地安置好仪器。老式经纬仪一般采用垂球进行对中，现在的经纬仪上都装有光学对中器，由于光学对中不受垂球摆动的影响，对中速度快，精度也高，因此一般采用光学对中器进行对中。

光学对中器构造如图 3-7 所示。使用光学对中器安置仪器的操作步骤如图 3-8 所示。

检查对中器分划中心是否偏离地面标志点，若测站点标志中心不在对中器分划中心且偏移量较小，可松开基座与脚架之间的中心螺旋，在脚架头上平移仪器，使光学对中器分划中心精确对准地面标志点，然后旋紧中心螺旋。如偏离量过大，重复步骤四～步骤六的操作，直至对中和整平均达到要求为止。

> 光学对中器安置仪器的操作

> 步骤一: 打开三脚架，使架头大致水平，并使架头中心大致对准测站点标志中心

> 步骤二: 安放经纬仪并拧紧中心螺钉，先将经纬仪的三个角螺旋旋转到大致等高的位置上，再转动光学对中器螺旋使对中器分划清晰，伸缩光学对中器使地面点影像清晰

> 步骤三: 固定三脚架的一条腿于适当位置，两手分别握住另外两个架腿，前后左右移动经纬仪(尽量不要转动)，同时观察光学对中器分划中心与地面标志点是否对上，当分划中心与地面标志接近时，慢慢放下脚架，踏稳三个脚架

> 步骤四: 对中，转动基座脚螺旋使对中器分划中心精确对准地面标志中心

> 步骤五: 粗平，通过伸缩三脚架，使圆水准器气泡居中，此时经纬仪粗略水平。注意这步操作中不能使脚架位置移动，因此在伸缩脚架时，最好用脚轻轻踏住脚架。检查地面标志点是否还与对中器分划中心对准，若偏离较大，转动基座脚螺旋使对中器分划中心重新对准地面标志，然后重复本步骤操作；若偏离不大，进行下一步操作

> 步骤六: 精平，先转动照准部，使照准部水准管平行于任意两个脚螺旋的连线方向，如图3-9(a)所示，两手同时向内或向外旋转这两个脚螺旋，使气泡居中(气泡移动的方向与转动脚螺旋时左手大拇指运动方向相同)；再将照准部旋转90°，旋转第三个脚螺旋使气泡居中，如图3-9(b)所示。按这两个步骤反复进行整平，直至水准管在任何方向气泡均居中时为止

图 3-8 光学对中器安置仪器的操作步骤

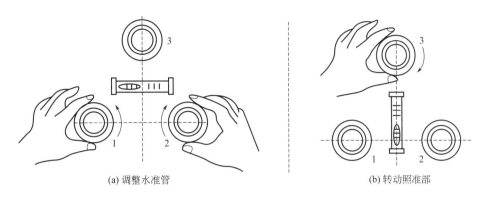

(a) 调整水准管   (b) 转动照准部

图 3-9　精确整平水准仪

1—脚螺旋 A；2—脚螺旋 B；3—脚螺旋 C

2. 照准目标

照准的操作步骤如图 3-10 所示。

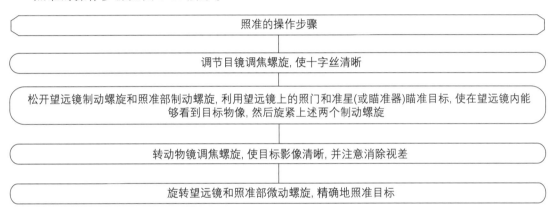

图 3-10　照准的操作步骤

　　照准时应注意：观测水平角时，照准是指用十字丝的纵丝精确照准目标的中心。当目标成像较小时，为了便于观察和判断，一般用双丝夹住目标，使目标在中间位置。为了避免因目标在地面点上不竖直引起的偏心误差，瞄准时尽量照准目标的底部，如图 3-11（a）所示。观测竖直角时，照准是指用十字丝的横丝精确地切准目标的顶部。为了减小十字丝横丝不水平引起的误差，瞄准时尽量用横丝的中部照准目标，如图 3-11（b）所示。

3. 读数

　　照准目标后，打开反光镜，并调整其位置，使读数窗内进光明亮均匀；然后进行读数显微镜调焦，使读数窗分划清晰，并消除视差。如是观测水平角，此时即可按水准仪所述方法进行读数；如是观测竖直角，则要先调竖盘指标水准管气泡居中后再读数。

 相关知识点 ▶▶

　　经纬仪的安置操作包括对中和整平。

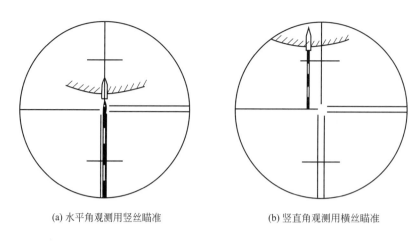

(a) 水平角观测用竖丝瞄准　　　　　　　　(b) 竖直角观测用横丝瞄准

图 3-11　照准目标

水平角观测与竖直角观测

一、 水平角观测

水平角的观测方法，一般根据观测目标的多少、测角精度的要求和施测时所用的仪器来确定。常用的观测方法有测回法和方向法两种。

1. 测回法

测回法适用于观测两个方向之间的单角，方向法适用于观测两个以上的方向。目前在普通测量中，主要采用测回法观测。

如图 3-12 所示，欲测量∠AOB 对应的水平角，先在观测点 A、B 上设置观测目标，观测目标视距离的远近，可选择垂直竖立的标杆或测钎，或者悬挂垂球；然后在测站点 O 安置仪器，使仪器对中、整平后，按下述步骤进行观测。

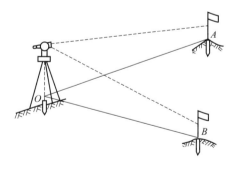

图 3-12　测回法观测

（1）盘左观测

"盘左"指竖盘处于望远镜左侧时的位置，也称正镜，在这种状态下进行观测称为盘左观测，也称上半测回观测。其方法如下。

先瞄准左边目标 A，读取水平度盘读数 a_1（例如为 $0°02'18''$），记入观测手簿（表 3-1）中相应的位置。再顺时针旋转照准部，瞄准右边目标 B，读取水平度盘读数 b_1（例如为 $53°33'54''$），记入手簿；然后计算盘左观测的水平角 $\beta_左$，得到上半测回角值：

$$\beta_左 = b_1 - a_1 = 53°31'36''$$

（2）盘右观测

"盘右"指竖盘处于望远镜右侧时的位置，也称倒镜，在这种状态下进行观测称为盘右观测，也称下半测回观测，其观测顺序与盘左观测相反。其方法如下。

先瞄准右边目标 B，读取水平度盘读数 b_2（例如为 $233°33'36''$），记入观测手簿。再逆时针旋转照准部，瞄准左边目标 A，读取水平度盘读数 a_2（例如为 $180°02'18''$），记入手簿；然后计算盘右位置观测的水平角 $\beta_右$，得到下半测回角值：

$$\beta_右 = b_2 - a_2 = 53°31'18''$$

表 3-1　测回法水平角观测手簿

测站	测回	竖盘位置	目标	水平度盘读数 /(° ′ ″)	半测回角值 /(° ′ ″)	一测回角值 /(° ′ ″)	各测回平均角值 /(° ′ ″)	备注
O	1	盘左	A	0 02 18	53 31 36	53 31 27	53 31 32	
			B	53 33 54				
		盘右	A	180 02 18	53 31 18			
			B	233 33 36				
	2	盘左	A	90 03 06	53 31 42	53 31 36		
			B	142 34 48				
		盘右	A	270 03 12	53 31 30			
			B	323 34 42				

（3）检核与计算

盘左和盘右两个半测回合起来称为一个测回。对于 DJ$_6$ 型经纬仪，两个半测回测得的角值之差 $\Delta\beta$ 的绝对值应不大于 $36''$，否则要重测；若观测成果合格，则取上、下两个半测回角值的平均值作为一测回的角值 β，即当 $|\Delta\beta| = |\beta_左 - \beta_右| \leqslant 36''$ 时，$\beta = \dfrac{1}{2}(\beta_左 + \beta_右)$。

上例一测回角值为 $53°31'27''$。

必须注意，水平度盘是按顺时针方向注记的，因此半测回角值必须是右目标读数减左目标读数，当不够减时则将右目标读数加上 $360°$ 以后再减。通常瞄准起始方向时，把水平度盘读数配置在稍大于 $0°$ 的位置，以便于计算。

当测角精度要求较高时，往往需要观测几个测回，然后取各测回角值的平均值为最后成果。为了减弱度盘分划误差的影响，各测回应改变起始方向读数，递增值为 $180/n$，n 为测回数。例如测回数 $n=2$ 时，各测回起始方向读数应等于或略大于 $0°$、$90°$；测回数 $n=3$ 时，各测回起始方向读数应等于或略大于 $0°$、$60°$、$120°$。

测回法通常有两项限差：一是两个半测回的方向值（即角值）之差；二是各测回角值之差，这个差值也称为"测回差"。对于不同精度的仪器，有不同的规定限值。用 DJ$_6$ 型光学经纬仪进行观测时，各测回角值之差的绝对值不得超过 $24''$，否则需重测。

【例 3-1】 已知地面上 A、O 两点，如图 3-13 所示。试测设出直角 AOC。

【解】 在 O 点安置经纬仪，盘左盘右测设直角取中数得 C' 点，量得 $OC'=50\text{m}$，用测回法观测三个测回，测得 $\angle AOC' = 89°59'30''$。

$$\Delta\beta = 90°00'00'' - 89°59'30'' = 30''$$

$$CC' = OC' \times (\Delta\beta/\rho) = 50 \times (30''/206265'') = 0.007\ (\text{m})$$

过 C' 点作 OC' 的垂线 $C'C$ 向外量 $C'C = 0.007\text{m}$ 定得 C 点，则 $\angle AOC$ 即为直角。

2. 方向观测法

当测站上的方向观测数在 3 个及以上时，一般采用方向观测法。如图 3-14 所示，测站

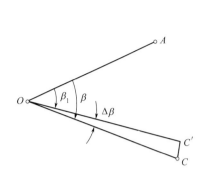

图 3-13　精确测设水平角

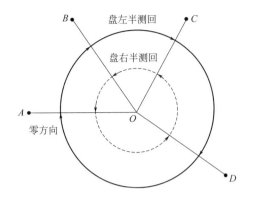

图 3-14　方向观测法示意图

点为 O 点，观测方向有 A、B、C、D 四个，在 O 点安置好仪器，在 A、B、C、D 四个目标中选择一个标志清晰的点作为零方向，例如以 A 点方向为零方向，一测回观测的操作程序如下。

（1）上半测回操作

盘左瞄准目标 A，将水平度盘读数调在 $0°$ 左右（A 点方向为零方向），检查瞄准情况后读取水平方向度盘，记入观测手簿。松开制动螺旋，顺时针转动照准部，依次瞄准 B、C、D 点的照准标志进行观测，其观测顺序依次为 $A \rightarrow B \rightarrow C \rightarrow D \rightarrow A$，最后返回到零方向 A 的操作称为上半测回归零，再次观测零方向 A 的读数称为归零差。规范规定，对于 DJ_6 经纬仪，归零差不应大于 $18''$。

（2）下半测回操作

纵转望远镜，盘右瞄准照准标志 A，读取数据，记入观测手簿。松开制动螺旋，逆时针转动照准部，一次瞄准 D、C、B、A 点的照准标志后进行观测，其观测顺序为 $A \rightarrow D \rightarrow C \rightarrow B \rightarrow A$，最后返回到零方向 A 的操作称下半测回归零。至此，一测回的观测操作完成。

如需观测几个测回，各测回零方向应以 $180°/n$ 为增量配置水平度盘读数。

（3）计算步骤

① 计算 $2C$ 值（又称两倍照准差）：

$$2C＝盘左读数－（盘右读数±180°）$$

上式中，盘右读数大于 $180°$ 时取"－"号，盘右读数小于 $180°$ 时取"＋"号。一测回内各方向 $2C$ 值互差不应超过 $±18''$（DJ_6 光学经纬仪）；如果超限，则应重新测量。

② 计算各方向的平均读数。平均读数又称为各方向的方向值，其计算式如下

$$平均读数＝\frac{盘左读数＋（盘右读数±180°）}{2}$$

计算时，以盘左读数为准，将盘右读数加或减 $180°$ 后，和盘左读数取平均值。起始方向有两个平均读数，故应再取其平均值，见表 3-2 中第 6 列上方小括号数据。

③ 计算归零后的方向值。将各方向的平均读数减去起始方向的平均读数（括号内数值），即得各方向的"归零后方向值"，起始方向归零后的方向值为零。

④ 计算各测回归零后方向值的平均值。多测回观测时，同一方向值各测回互差，符合 $±24''$（DJ_6 光学经纬仪）的误差规定，取各测回归零后方向值的平均值，作为该方向的最后结果。

⑤ 计算各目标间水平角角值。将表 3-2 中第 9 列相邻两方向值相减即可求得。

当需要观测的方向为三个时，除不做归零观测外，其他均与三个以上方向的观测方法相同。

表 3-2 方向观测法水平角观测手簿

测回	测站	目标	水平度盘读数		平均读数 /(° ′ ″)	一测回归零方向值 /(° ′ ″)	各测回归零方向值 /(° ′ ″)	水平角 /(° ′ ″)	备注
			盘左 /(° ′ ″)	盘右 /(° ′ ″)					
1	O	A	0 01 18	180 01 06	(0 01 15) 0 01 12	0 00 00	0 00 00		
		B	39 33 36	219 33 24	39 33 30	39 32 15	39 32 18	39 32 18	
		C	105 45 48	285 45 36	105 45 42	105 44 27	105 44 28	66 12 10	
		D	171 19 30	351 19 24	171 19 27	171 19 12	171 18 06	65 33 38	
		A	0 01 24	180 01 12	0 01 18				
			$\Delta_左 = +6″$	$\Delta_右 = +6″$					
2	O	A	90 02 24	270 02 18	g0 02 18	0 00 00			
		B	129 34 48	309 34 30	39 34 39	39 34 39	39 32 21		
		C	195 46 54	15 46 42	195 46 48	105 44 30			
		D	261 20 24	81 20 12	261 20 18	171 18 00			
		A	90 02 18	270 02 18	90 02 18				
			$\Delta_左 = +6″$	$\Delta_右 = 0″$					

二、 竖直角观测

1. 测量原理

（1）竖直角

在同一铅垂面内，观测视线与水平线之间的夹角，称为竖直角，又称倾角，用 α 表示。其角值范围为 $0°\sim\pm9°$。视线在水平线的上方，垂直角为仰角，符号为正（$+\alpha$）；视线在水平线的下方，垂直角为俯角，符号为负（$-\alpha$），如图 3-15 所示。

（2）竖直角测量原理

同水平角一样，竖直角的角值也是度盘上两个方向的读数之差。望远镜瞄准目标的视线与水平线分别在竖直度盘上有对应读数，两读数之差即为竖直角的角值。所不同的是，竖直角的两方向中的一个方向是水平方向。无论对哪一种经纬仪来说，视线水平时的竖盘读数都应为 90°的倍数。所以，测量竖直角时，只要瞄准目标读出竖盘读数，即可计算出竖直角。

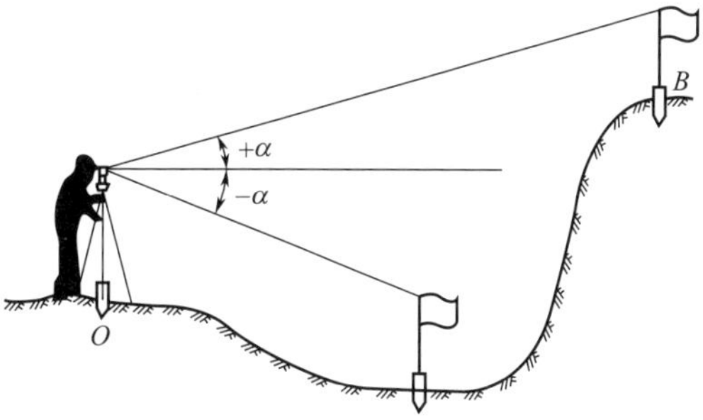

图 3-15 竖直角测量原理

2. 竖直度盘的构造

竖直度盘垂直固定在望远镜旋转轴的一端，随望远镜的转动而转动。竖直度盘的刻划与水平度盘基本相同，在竖盘中心的铅垂方向装有光学读数指示线，为了判断读数前竖盘指标线位置是否正确，在竖盘指标线（一个棱镜或棱镜组）上设置了管水准器，用来控制指标位置。当竖盘指标水准管气泡居中时，竖盘指标就处于正确位置。对于 DJ$_6$ 级光学经纬仪竖盘与指标及指标水准管之间应满足下列关系：当视准轴水平，指标水准管气泡居中时，指标所指的竖盘读数值盘左为 90°，盘右为 270°。经纬仪竖盘包括竖直度盘、竖盘指标水准管和竖盘指标水准管微动螺旋，如图 3-16 所示。

当望远镜视线水平且指标水准管气泡居中时，竖盘读数应为零读数 M。当望远镜瞄准不同高度的目标时，竖盘随着转动，而读数指标不动，因而可读得不同位置的竖盘读数。

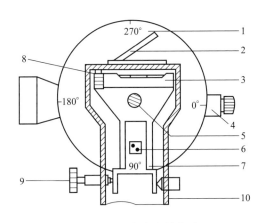

图 3-16 竖直度盘的构造

1—竖直度盘；2—指标水准管反光镜；3—指标水准管；4—望远镜；5—横轴；6—测微平板玻璃；

7—指标水准管支架；8—指标水准管校正螺丝；9—指标水准管微动螺旋；10—左支架

竖直度盘的刻划也是在全圆周上刻 $360°$，但注字的方式有顺时针及逆时针两种。通常在望远镜方向上注以 $0°$ 及 $180°$，如图 3-17 所示。在视线水平时，指标所指的读数为 $90°$ 或 $270°$。竖盘读数也是通过一系列光学组件传至读数显微镜内读取。

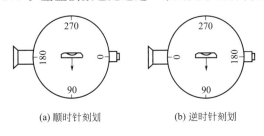

(a) 顺时针刻划　　　　(b) 逆时针刻划

图 3-17　不同划线的竖盘

对竖盘指标的要求，是始终能够读出与竖盘刻划中心在同一铅垂线上的竖盘读数。为了满足这个要求，它有两种构造形式：一种是借助于与指标固连的水准器的指示，使其处于正确位置，在早期的仪器都属此类；另一种是借助于自动补偿器，使其在仪器整平后，自动处于正确位置。

3. 竖直角的计算公式

由于竖盘注记形式不同，垂直角计算的公式也不一样。现在以顺时针注记的竖盘为例，推导垂直角的计算公式。

如图 3-18（a）所示盘左位置，视线水平时，竖盘读数为 90；当瞄准目标时，竖盘读数为 L，则盘左垂直角 a_L 为：

$$\alpha_L = 90° - L$$

如图 3-18（b）所示盘右位置，视线水平时，竖盘读数为 270；当瞄准原目标时，竖盘读数为 R，则盘右垂直角 α_R 为：

$$\alpha_R = R - 270°$$

将盘左、盘右位置的两个垂直角取平均值，即得垂直角 α，其计算公式为

$$\alpha = (\alpha_L + \alpha_R)/2$$

对于逆时针注记的竖盘，用类似的方法推得垂直角的计算公式为

$$\alpha_L = L - 90°$$
$$\alpha_R = 270° - R$$

在观测垂直角之前，将望远镜大致放置水平，观察竖盘读数，首先确定视线水平时的读数；然后上仰望远镜，观测竖盘读数是增加还是减少。

读数增加时，垂直角的计算公式为

$$\alpha = 瞄准目标时竖盘读数 - 视线水平时竖盘读数$$

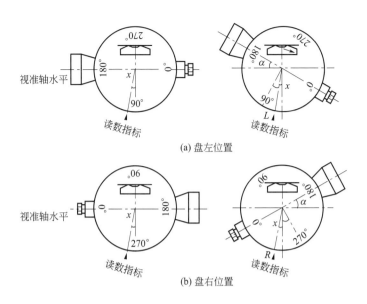

图 3-18 竖盘读数与垂直角计算

读数减少时，垂直角的计算公式为

$$\alpha = 视线水平时竖盘读数 - 瞄准目标时竖盘读数$$

4. 竖盘指标差

在垂直角计算公式中，认为当视准轴水平、竖盘指标水准管气泡居中时，竖盘读数应是 90°的整数倍。但是实际上这个条件往往不能满足，竖盘指标常常偏离正确位置，这个偏离的差值 x 角，称为竖盘指标差。竖盘指标差 x 本身有正负号，一般规定当竖盘指标偏移方向与竖盘注记方向一致时，x 取正号，反之 x 取负号。

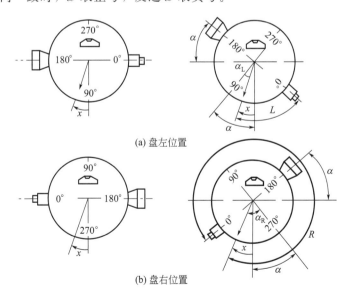

图 3-19 竖盘指标差

如图 3-19（a）所示盘左位置，由于存在指标差，其正确的垂直角计算公式为

$$\alpha = 90° - L + x = \alpha_L + x$$

如图 3-19（b）所示盘右位置，其正确的垂直角计算公式为

$$\alpha = R - 270° - x = \alpha_R - x$$

将以上两式相加和相减分别得到以下两式并除以 2，得

$$\alpha = \frac{1}{2}(\alpha_L + \alpha_R) = \frac{1}{2}(R - L - 180°)$$

$$x = \frac{1}{2}(\alpha_R - \alpha_L) = \frac{1}{2}(L + R - 360°)$$

在垂直角测量时，用盘左、盘右观测。取平均值作为垂直角的观测结果，可以消除竖盘指标差的影响。

指标差互差（即所求指标差之间的差值）可以反映观测成果的精度。竖盘指标差 x 值对同一台仪器在某一段时间内连续观测的变化应该很小，可以视为定值。由于仪器误差、观测误差及外界条件的影响，使计算出竖盘指标差发生变化。通常规范规定指标差变化的容许范围，如《工程测量规范》（GB 50026—2007）规定五等光电测距三角高程测量，DJ_6、DJ_2 型仪器指标差变化范围分别应不大于 $25''$ 和 $10''$。若超限应对仪器进行校正。

5. 竖直角的应用

（1）用视距法测定平距和高差

① 视线倾斜时的平距公式：

$$D = KL\cos^2\alpha$$

② 视线倾斜时的高差公式：

$$h = \frac{1}{2}KL\sin 2\alpha + i - v$$

式中　K——视距乘常数，一般 $K = 100$；

　　　L——尺间隔（上、下丝读数之差）；

　　　i——仪高；

　　　v——中丝读数；

　　　α——竖直角。

（2）间接求高程

在地形起伏较大不便于水准测量时或者工程中要求高大构筑物的高程时，常采用三角高程测量法。如图 3-20 所示，要求水塔 AB 的标高，可在离开水塔底部 30m 左右的 O 点安置经纬仪，仰视望远镜，用中丝瞄准烟囱顶端 A 点，并测得竖直角 α_1，然后根据 OB 两点间距 D，即可求得高差 $h_1 = D\tan\alpha_1$，再把望远镜俯视，用中丝瞄准烟囱底部 B 点，并测得竖直角 α_2，则高差为 $h_2 = D\tan\alpha_2$，则烟囱高度 $H = h_1 + h_2$。

 相关知识点 ▶▶

角度测量包括水平角测量和竖直角测量。水平角是确定地面点平面位置的基本要素，竖直角是确定地面点高程的一个要素。

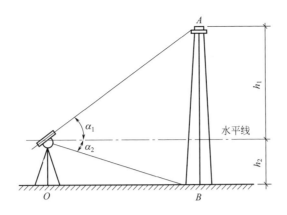

图 3-20　间接求高程示意

第三节　经纬仪的检验及校正

一、经纬仪应满足的几何条件

若要测得正确可靠的水平角及竖直角，经纬仪各部件之间必须满足一定的几何条件。仪器各部件间的正确关系，在制造时虽然已经满足要求，但由于运输和长期使用，各部件间的关系必然会发生一些变化，故在测角作业前，应针对经纬仪必须满足的条件进行必要的检验与校正。

经纬仪上的几条主要轴线如图 3-21 所示，VV' 为仪器旋转轴，亦称竖轴或纵轴；LL' 为照准部水准管轴；HH' 为望远镜横轴，也叫望远镜旋转轴；CC' 为望远镜视准轴。经纬仪各轴线之间应满足的主要条件如图 3-22 所示。

由于仪器在使用和运输过程中会产生振动等，其轴线关系也会发生变化，从而产生测角误差。因此，测量规范要求，作业前应检查经纬仪主要轴之间是否满足图 3-22 所示条件，必要时应调节相关部件加以校正，使之满足要求。

二、经纬仪检验与校正的方法

1. 照准部水准管的检验与校正

① 检校目的　使照准部水准管轴垂直于仪器的竖轴，这样可以利用调整照准部水准管气泡居中的方法使竖轴铅垂，从而整平仪器；否则，将无法整平仪器。

② 检验方法　架设仪器并将其大致整平，转动照准部，使水准管平行于任意两个脚螺旋的连线，旋转这两个脚螺旋，使水准管气泡居中，此时水准管轴水平。将照准部旋转 180°，若水准管气泡仍然居中，表明条件满足，不用校正；若水准管气泡偏离中心，表明两轴不垂直，需要校正。

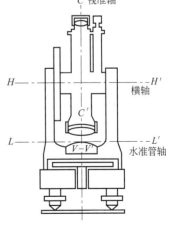

图 3-21　经纬仪的主要轴线

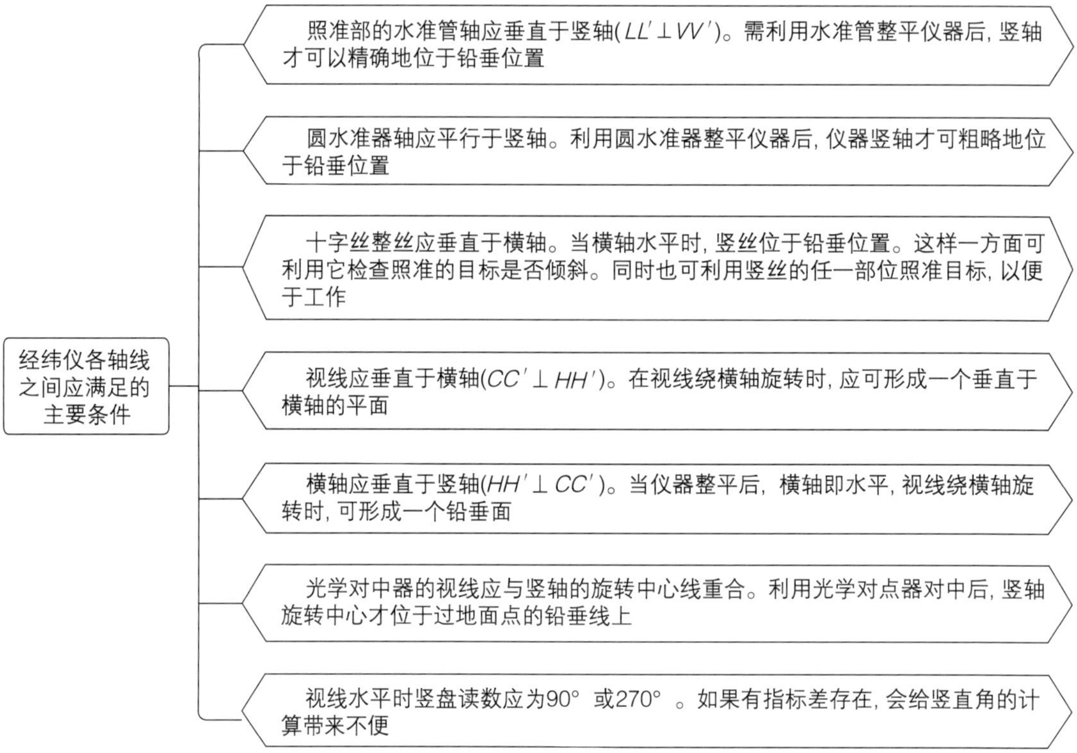

照准部的水准管轴应垂直于竖轴($LL'\perp VV'$)。需利用水准管整平仪器后，竖轴才可以精确地位于铅垂位置

圆水准器轴应平行于竖轴。利用圆水准器整平仪器后，仪器竖轴才可粗略地位于铅垂位置

十字丝整丝应垂直于横轴。当横轴水平时，竖丝位于铅垂位置。这样一方面可利用它检查照准的目标是否倾斜。同时也可利用竖丝的任一部位照准目标，以便于工作

视线应垂直于横轴($CC'\perp HH'$)。在视线绕横轴旋转时，应可形成一个垂直于横轴的平面

横轴应垂直于竖轴($HH'\perp CC'$)。当仪器整平后，横轴即水平，视线绕横轴旋转时，可形成一个铅垂面

光学对中器的视线应与竖轴的旋转中心线重合。利用光学对点器对中后，竖轴旋转中心才位于过地面点的铅垂线上

视线水平时竖盘读数应为90°或270°。如果有指标差存在，会给竖直角的计算带来不便

经纬仪各轴线之间应满足的主要条件

图3-22　经纬仪各轴线之间应满足的主要条件

③ 校正方法　首先转动上述的两个脚螺旋，使气泡向中央移动到偏离值的一半，此时竖轴处于铅垂位置，而水准管轴倾斜。用校正拨针拨动水准管一端的校正螺丝，使气泡居中，此时水准管轴水平，竖轴铅垂，即水准管轴垂直于仪器竖轴的条件满足。

校正后，应再次将照准部旋转180°，若气泡仍不居中，应按上法再进行校正。如此反复，直至照准部在任意位置时气泡均居中为止。

2. 十字丝的检验与校正

① 检校目的　使竖丝垂直于横轴，这样观测水平角时，可用竖丝的任何部位照准目标；观测竖直角时，可用横丝的任何部位照准目标。显然，这将给观测带来方便。

② 检验方法　整平仪器后，用十字丝交点照准一固定的、明显的点状目标，固定照准部和望远镜，旋转望远镜的微动螺旋，使望远镜物镜上下微动，若从望远镜内观察到该点始终沿竖丝移动，则条件满足，不用校正。否则，如图3-23（a）所示，目标点偏离十字丝竖丝移动，说明十字丝竖丝不垂直于横轴，应进行校正。

③ 校正方法　卸下位于目镜一端的十字丝护盖，旋松四个固定螺丝，如图3-23（b）所示，微微转动十字丝环，再次检验，重复校正，直至条件满足，然后拧紧固定螺丝，装上十字丝护盖。

3. 视准轴的检验与校正

① 检校目的　使视准轴垂直于横轴，这样才能使视准面成为平面，为其成为铅垂面奠定基础；否则，视准面将成为锥面。

② 检验方法　视准轴是物镜光心与十字丝交点的连线。仪器的物镜光心是固定的，而十字丝交点的位置是可以变动的。所以，视准轴是否垂直于横轴，取决于十字丝交点是否处

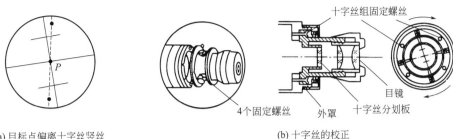

(a) 目标点偏离十字丝竖丝　　　　　　(b) 十字丝的校正

图 3-23　十字丝的检验与校正

于正确位置。当十字丝交点偏向一边时，视准轴与横轴不垂直，形成视准轴误差。即视准轴与横轴间的交角与90°的差值，称为视准轴误差，通常用c表示。

如图 3-24 所示，在一平坦场地上，选择一直线AB，长约100m。经纬仪安置在AB的中点O上，在A点竖立一标志，在B点横置一根刻有毫米分划的小尺，并使其垂直于AB。仪器以盘左精确瞄准A点的标志，倒转望远镜瞄准横放于B点的小尺，并读取尺上读数B_1。旋转照准部以盘右再次精确瞄准A点的标志，倒转望远镜瞄准横放于B点的小尺，并读取尺上读数B_2。如果B_1与B_2相等（重合），表明视准轴垂直于横轴，否则应进行校正。

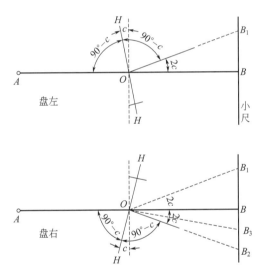

图 3-24　视准轴误差检验与校正

③ 校正方法　由图 3-24 可以明显看出，由于视准轴误差c的存在，盘左瞄准A点到镜后视线偏离AB直线的角度为$2c$，而盘右瞄准A点倒镜后视线偏离AB直线的角度亦为$2c$，但偏离方向与盘左相反，因此B_1与B_2两个读数之差所对的角度为$4c$。为了消除视准轴误差c，只需在小尺上定出一点B_3，该点与盘右读数B_2的距离为$1/4B_1B_2$的长度。用校正针拨动十字丝左右两个校正螺钉，拨动时应先松一个再紧一个，使读数由B_2移至B_3，然后固紧两校正螺钉。此项检校亦需反复进行，直至c值不大于$10''$为止。

视准轴的检验与校正还可以利用度盘读数按下述方法进行：

检验时，先整平仪器，以盘左状态精确照准一个与仪器高度大致相同的远处明显目标P，读取水平度盘的读数为$a_左$。然后，将仪器切换为盘右状态，仍精确照准目标P，读取水平度盘的读数为$a_右$。比较盘左、盘右两次的水平度盘读数，若$a_左 = a_右 \pm 180°$，说明视准轴垂直于横轴，不用校正；否则，说明视准轴不垂直于横轴，其差值为两倍的视准轴误差$2c$，$2c = a_左 - a_右 \pm 180°$。一般情况下，若$2c \leqslant 20''$时，不用校正；反之需要校正。

4. 横轴的检验与校正

① 检校目的　使横轴垂直于竖轴，这样，当仪器整平后竖轴铅垂、横轴水平、视准面为一个铅垂面，否则，视准面将成为倾斜面。

② 检验方法　在离高墙$20 \sim 30 m$处安置经纬仪，用盘左照准高处的一明显点M（仰角宜在$30°$左右），固定照准部，然后将望远镜大致放平，指挥另一人在墙上标出十字丝交点的位置，设为m_1，如图3-25（a）所示。

将仪器变换为盘右，再次照准目标M点，大致放平望远镜后，用同前的方法再次在墙上标出十字丝交点的位置，设为m_2，如图3-25（b）所示。

如过m_1、m_2两点不重合，说明横轴不垂直于竖轴，即存在横轴误差，需要校正。

③ 校正方法　取m_1和m_2的中点m，并以盘右或盘左照准m点，固定照准部，向上抬起望远镜，此时的视线必然偏离了目标点M，即十字丝交点与M点发生了偏移，如图3-25（c）所示。调节横轴偏心板，使其一端抬高或降低，则十字丝交点与M点即可重合，如图3-25（d）所示，横轴误差被消除。

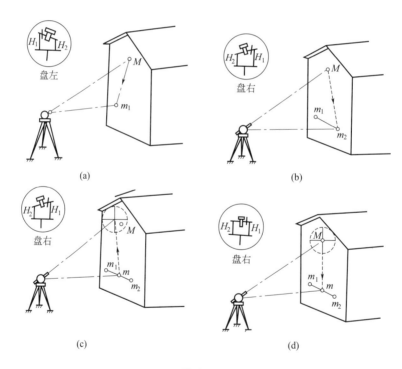

图3-25　横轴的检验与校正

　　光学经纬仪的横轴是密封的，一般仪器均能保证横轴垂直于竖轴，若发现较大的横轴误差，一般应送仪器至检修部门校正。

5. 光学对中器的检验与校正

① 检校目的　使光学对中器的视准轴经棱镜折射后与仪器的竖轴重合，否则会产生对中误差。

② 检验方法　经纬仪严格整平后，在光学对中器下方的地面上放一张白纸，将对中器的刻划圈中心投绘在白纸上，设为 a_1 点；旋转照准部180°，再次将对中器的刻划圈中心投绘在白纸上，设为 a_2 点；若 a_1 与 a_2 两点重合，说明条件满足，不用校正，反之说明条件不满足，需要校正。

③ 校正方法　在白纸上定出 a_1 与 a_2 的连线的中心 a，打开两支架间的圆形护盖，转动光学对中器的校正螺丝，使对中器的刻划圈中心前后、左右移动，直至对中器的刻划圈中心与 a 点重合为止，此项校正亦需反复进行。

有话说

光学对中器的校正螺丝随仪器类型而异，有些需校正的是使视线转向的折射棱镜；有些则是分划板。

第四章 ▶▶

电子全站仪

第一节 电子全站仪的基础知识

一、电子全站仪的概念

电子全站仪又称全站型电子速测仪（electronic total station），是一种可以同时进行角度测量和距离测量，由机械、光学、电子元件组合而成的测量仪器。电子全站仪能够自动显示测量结果，并与外围设备交换信息，较完善地实现了测量和处理过程的电子一体化。

电子全站仪主要由采集数据设备和微处理器两大部分组成。其中，采集数据设备主要包括电子测角系统、电子测距系统、自动补偿设备等；微处理器是全站仪的核心装置，主要由中央处理器、随机储存器和只读存储器等构成，测量时，微处理器根据键盘或程序的指令控制各分系统的测量工作，进行必要的逻辑和数值运算以及数字存储、处理、管理、传输、显示等。通过这两部分的有机结合，才体现了"全站"的功能，既能自动完成数据采集，又能自动处理数据，使整个测量过程工作有序、快速、准确地进行。

电子全站仪的组装

扫码观看本视频

二、电子全站仪的构造

电子全站仪的主要分为基座、照准部、手柄三大部分，如图 4-1 所示为 Topcon GTS 330N 全站仪，其中照准部包括望远镜（测距部包含在此部分）、显示屏、微动螺旋等。

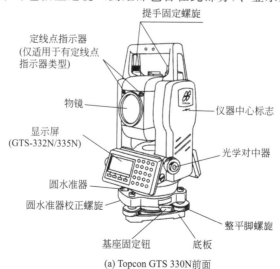

(a) Topcon GTS 330N前面

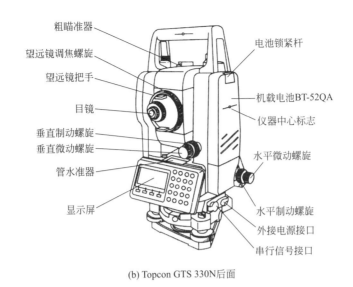

(b) Topcon GTS 330N后面

图 4-1　Topcon GTS 330N 全站仪外观及各部件名称

1. 全站仪的望远镜

全站仪测距部位于望远镜部分，因此全站仪的望远镜体积比较大，其光轴（视准轴）一般采用和测距光轴完全同轴的光学系统，即望远镜视准轴、测距红外光发射光轴、接收回光光轴三轴同轴，一次照准就能同时测出距离和角度，如图 4-2 所示。因此，全站仪望远镜的检验和校正比普通光学经纬仪要复杂得多。

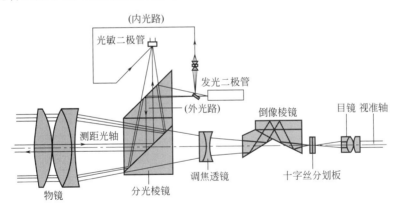

图 4-2　全站仪望远镜结构

2. 全站仪的度盘

全站仪采用电子度盘读数，电子度盘原理常采用三种测角方法，即绝对编码度盘、增量光栅度盘和综合以上两种方法的动态度盘。

（1）编码度盘测角系统

绝对编码度盘是在玻璃圆盘上刻划 n 个同心圆环，每个同心圆环为码道，n 为码道数，外环码道圆环等分为 $2n$ 个透光与不透光相间扇形区——编码区。每个编码所包含的圆心角 $\delta=360/(2n)$ 为角度分辨率，即为编码度盘能区分的最小角度，向着圆心方向，其余 $n-1$ 个码道圆环分别被等分为 $2n-1$、$2n-2$ 等 21 个编码道，其作用是确定当前方向位于外环码道的绝对位置。$n=4$ 时，$2^4=16$，角度分辨率 $\delta=360/16=22°30'$；向着圆心方向，其余

3 个码道的编码数依次为 $2^3=8$，$2^2=4$，$2^1=2$。每码道安置一行发光二极管，另一侧对称安置一行光敏二极管，发光二极管光线通过透光编码被光敏二极管接收到时，即为逻辑 0，光线被不透光编码遮挡时，即为逻辑 1，获得该方向的二进制代码。图 4-3 所示为 4 码道编码度盘。4 码道编码度盘 16 个方向值的二进制代码见表 4-1。

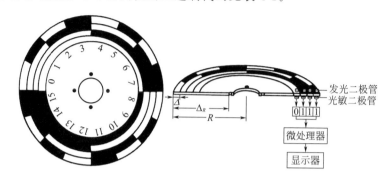

图 4-3　4 码道绝对编码度盘

表 4-1　4 码道编码度盘 16 个方向值的二进制代码

方向序号	码道图形				二进制码	方向值	方向序号	码道图形				二进制码	方向值
	2^4	2^3	2^2	2^1				2^4	2^3	2^2	2^1		
0					0000	00°00′	8	■				1000	180°00′
1				■	0001	22°30′	9	■			■	1001	202°30′
2			■		0010	45°00′	10	■		■		1010	225°00′
3			■	■	0011	67°30′	11	■		■	■	1011	247°30′
4		■			0100	90°00′	12	■	■			1100	270°00′
5		■		■	0101	112°30′	13	■	■		■	1101	292°30′
6		■	■		0110	135°00′	14	■	■	■		1110	315°00′
7		■	■	■	0111	157°30′	15	■	■	■	■	1111	337°30′

4 码道编码度盘的 $\delta=22°30′$，精度太低，实际通过提高码道数来减小 δ，如 $n=16$，$\delta=360/2^{16}=0°00′19.78″$，但在度盘半径不变时增加码道数 n，将减小码道的径向宽度，拓普康 GTS—105N 全站仪的 $R=35.5\text{mm}$、$n=16$ 时，可求出 $\Delta_R=2.22\text{mm}$，如果无限次增加高码道，码道的径向宽度会越来越小。因此，多码道编码度盘不易达到较高的测角精度。现在使用单码道编码度盘。在度盘外环刻划无重复码段的二进制编码，发光管二极照射编码度盘时，通过接收管获取度盘位置的编码信息，送微处理器译码换算为实际角度值并送显示屏显示。

（2）光栅度盘测角系统

如图 4-4 所示，光栅度盘是在玻璃圆盘径向均匀刻划交替的透明与不透明辐射状条纹，度盘上设置一指示光栅，指示光栅的密度与度盘光栅相同，但其刻线与度盘光栅刻线倾斜一个小角 θ，在光栅度盘旋转时，会观察到明暗相间的条纹——莫尔条纹。当指示光栅固定，光栅度盘随照准部转动时，形成莫尔条纹，照准部转动一条刻线距离时，莫尔条纹则向上或向下移动一个周期。光敏二极管产生按正弦规律变化的电信号，将此电信号整形，变成矩形脉冲信号，对矩形脉冲信号计数求得度盘旋转的角值，通过译码器换算为度、分、秒送显示窗显示。倾角 θ 与相邻明暗条纹间距 ω 的关系为 $\omega=d\rho/\theta$，$\rho=206265″$，$\theta=20′$，$\omega=172d$，

纹距 ω 比栅距 d 大 172 倍，进一步细分纹距 ω，可以提高测角精度。

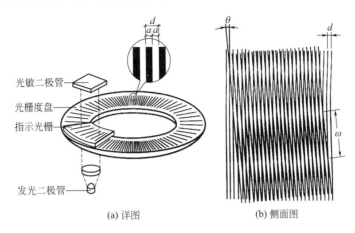

(a) 详图   (b) 侧面图

图 4-4　光栅度盘

3. 竖轴倾斜的自动补偿器

由于经纬仪照准部的整平可使竖轴铅直，但受气泡灵敏度和作业的限制，仪器的精确整平有一定困难。这种竖轴不铅直的误差称为竖轴误差。在一些较高精度的电子经纬仪和全站仪中安置了竖轴倾斜的自动补偿器，以自动改正竖轴倾斜对视准轴方向和横轴方向的影响，

这种补偿器称为双轴补偿器。图 4-5 所示为 TOPCON 公司生产的摆式液体补偿器。其工作原理为：由发光二极管 1 发出的光，经发射物镜 6 发射到硅油 4，全反射后，又经接收物镜 7 聚焦至接收二极管阵列 2 上。一方面将光信号转变为电信号；另一方面，还可以探测出光落点的位置。光电二极管阵列可分为 4 个象限，其原点为竖轴竖直时光落点的位置。倾斜时（在补偿范围内），光电接收器（接收二极管阵列）接收到的光落点位置就发生了变化，其变化量即反映了竖轴在纵向（沿视准轴方向）上的倾斜分量和横向（沿横轴方向）上的倾斜分量。位置变化信息传输到内部的微处理器处理，

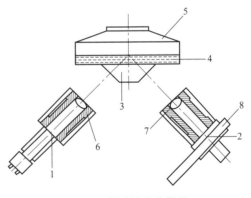

图 4-5　摆式液体补偿器

1—发光二极管；2、8—接收二极管阵列；
3—棱镜；4—硅油；5—补偿器液体盒；
6—发射物镜；7—接收物镜

对所测的水平角和竖直角自动加以改正（补偿）。全站仪安装精确的竖轴补偿器，使仪器整平到 $3'$ 范围以内，其自动补偿精度可达 $0.1''$。

 相关知识点 ▶▶

　　全站仪的优点：小型望远镜，便于照准目标时的操作；有轻巧紧凑的设计；横轴、竖轴、视准轴误差自动补偿；电子气泡；双速调焦操作功能；用户自定义按键的功能。

第二节 电子全站仪的功能及使用方法

一、电子全站仪的功能

1. 全站仪的功能概述

全站仪按数据存储方式分为内存型和电脑型两种。内存型全站仪的所有程序都固化在仪器的存储器中，不能添加或改写，也就是说，只能使用全站仪提供的功能，无法扩充。而电脑型全站仪内置操作系统，所有程序均运行于其上，可根据实际需要添加相应程序来扩充其功能，使操作者进一步成为全站仪功能开发的设计者，更好地为工程建设服务。

全站仪的基本功能如图 4-6 所示。

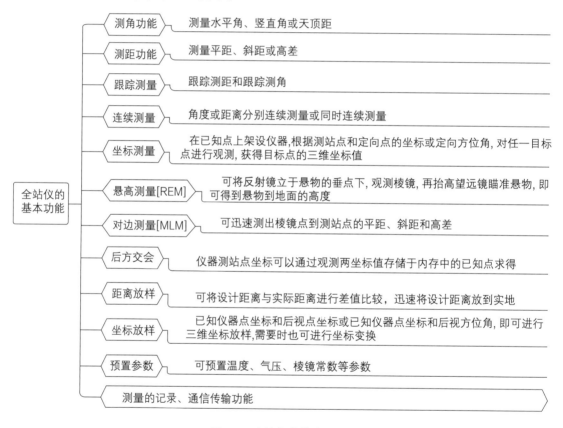

图 4-6 全站仪的基本功能

以上是全站仪所必须具备的基本功能。当然，不同厂家和不同系列的仪器产品，在外形和功能上略有区别，这里不再详细列出。

全站仪除了上述的功能外，有的全站仪还具有免棱镜测量功能，有的全站仪还具有自动跟踪照准功能，被喻为测量机器人。另外，有的厂家还将 GPS 接收机与全站仪进行集成，生产出了超站仪。

2. Topcon GTS 330N 全站仪功能介绍

Topcon GTS 330N 全站仪的按键功能见表 4-2。

表 4-2　Topcon GTS 330N 全站仪的按键功能

键	名称	功能
★	星键	星键模式用于如下项目的设置或显示： (1)显示屏对比度;(2)十字丝照明;(3)背景光;(4)倾斜改正;(5)定线点指示器(仅适用于有定线点指示器类型);(6)设置音响模式
⚊	坐标测量键	坐标测量模式
◿	距离测量键	距离测量模式
ANG	角度测量键	角度测量模式
POWER	电源键	电源开关
MENU	菜单键	在菜单模式和正常测量模式之间切换,在菜单模式下可设置应用测量与照明调节、仪器系统误差改正
ESC	退出键	返回测量模式或上一层模式;从正常测量模式直接进入数据采集模式或放样模式;也可作为正常测量模式下的记录键
ENT	确认输入键	在输入值末尾按此键
F1～F4	软键(功能键)	对应于显示的软键功能信息

3. Topcon GTS 330N 全站仪屏幕显示符号的含义

各种品牌的全站仪其符号所代表的意义不同，但有一些符号的含义一般是相同的，具体见表 4-3。

表 4-3　Topcon GTS 330N 全站仪屏幕显示符号的含义

显示	含义	显示	含义
V	垂直角(坡度显示)	N	北向坐标
HR	水平角(右角)	E	东向坐标
HL	水平角(左角)	Z	高程
HD	水平距离	*	EDM(电子测距)正在进行
VD	高差	m	以米为单位
SD	倾斜距离	f	以英尺/英尺与英寸为单位

二、 电子全站仪的使用方法

1. 测量准备工作

（1）安装内部电池

测前应检查内部电池的充电情况，如电力不足要及时充电，充电方法及时间要按使用说明书进行，不要超过规定的时间。测量前装上电池，测量结束应卸下。

（2）安置仪器

安装仪器的操作方法和步骤与经纬仪类似，包括对中和整平。若全站仪具备激光对中和电子整平功能，在把仪器安装到三脚架上之后，应先开机，然后选定对中/整平模式后再进行相应的操作。

电子全站仪的操作步骤

扫码观看本视频

2. 全站仪的基本操作

（1）角度测量

Topcon GTS 330N 全站仪开机后默认为显示角度测量模式，如图 4-7 所示，也可按"ANG"键进入角度测量模式，其中"V"为垂直角数值，"HR"为水平角数值。"F1"键对应"置零"功能，"F2"键对应"锁定"功能，"F3"键对应"置盘"功能。通过按"P↓"/"F4"键进行功能转换，"F1""F2""F3"键分别对应"倾斜、复测、V%"和"H-蜂鸣、R/L、竖角"功能。

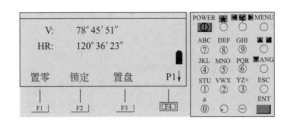

图 4-7　角度测量模式

（2）距离测量

按"▱"键进入距离测量模式，如图 4-8 所示，其中"SD"为斜距，可通过按"▱"键在斜距、平距（HD）、垂距（VD）之间进行转换。

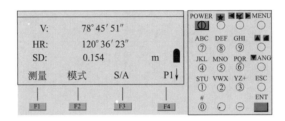

图 4-8　距离测量模式

（3）坐标测量

通过按"↙"键进入坐标测量模式，如图 4-9 所示。"N""E""Z"分别表示北坐标、东坐标、高程，"F1"键对应"测量"功能，"F2"键对应"模式"功能，"F3"键对应"S/A"功能。通过按"P↓"/"F4"键进行功能转换，"F1、F2、F3"分别对应"镜高、仪高、测站"和"偏心、—（无）、m/f/i"功能。

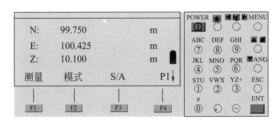

图 4-9　坐标测量模式

（4）常用设置

通过按"★"键进入常用设置模式，如图 4-10 所示。"F1""F2""F3"分别对应各种

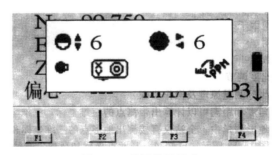

图 4-10　常用设置模式

设置功能，如表 4-4 所示。

表 4-4　常用设置模式功能对应的操作键

键	显示符号	功　能
F1	✺	显示屏背景光开关
F2	⟨ ⦿ ⟩	设置倾斜改正，若设置为开，则显示倾斜改正值
F3	●●	定线点指示器开关（仅适用于有定线点指示器类型）
F4	☞PPM	显示 EDM 回光信号强度（信号）、大气改正值（PPM）和棱镜常数值（棱镜）
▲或▼	◐↕	调节显示屏对比度（0～9 级）
◀或▶	✺↙	调节十字丝照明亮度（1～9 级） 十字丝照明开关和显示屏背景光开关是连通的

3. 全站仪的高级功能

（1）全站仪的菜单结构

按"MENU"键进入主菜单界面，如图 4-11 所示，主菜单界面共分三页，通过按"P↓"/"F4"进行翻页，可进行数据采集（坐标测量）、坐标放样、程序执行、内存管理、参数设置等功能。

图 4-11　Topcon GTS 330N 全站仪主菜单界面

各页菜单如下。

第 1 页 { F1：数据采集　F2：放样　F3：内存管理 }

第 2 页 { F1：程序　F2：格网因子　F3：照明 }

第 3 页 { F1：参数组 1　F2：对比度调节 }

（2）全站仪三维坐标测量原理及操作步骤

全站仪通过测量角度和距离可以计算出待测点的三维坐标，三维坐标功能在实际工作中使用率较高，尤其在地形测量中，全站仪直接测出地形点的三维坐标和点号，并记录在内存中，供内业成图。如图 4-12 所示，已知 A、B 两点坐标和高程，通过全站仪测出 P 点的三维坐标，做法是将全站仪安置于测站点 A 上，按"MENU"键进入主菜单，选择"F1"进入数据采集界面，首先输入站点的三维坐标值（x_A，y_A，H_A），仪器高 i、目标高 v；然后输入后视点照准 B 的坐标，再照准 B 点，按测量键设定方位角，以上过程称设置测站。测站设置成功的标志是照准后视点时，全站仪的水平度盘读数为 A、B 两点的方位角 α_{AB}。然后再照准目标点上安置的反射棱镜，按下坐标测量键，仪器就会利用自身内存的计算程序自动计算并瞬时显示出目标点 P 的三维坐标值（x_P，y_P，H_P），计算公式如下。

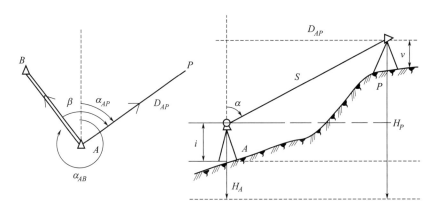

图 4-12　三维坐标测量示意

$$\begin{cases} x_P = x_A + S\cos\alpha\cos\theta \\ y_P = y_A + S\cos\alpha\sin\theta \\ H_P = H_A + S\sin\alpha + i - v \end{cases}$$

式中　S——仪器至反射棱镜的斜距，m；

　　　α——仪器至反射棱镜的竖直角；

　　　θ——仪器至反射棱镜的方位角。

三维坐标测量时应考虑棱镜常数、大气改正值的设置。

4. 全站仪的放样

（1）全站仪角度放样

安置全站仪于放样角度的端点上，盘左照准起始边的另一端点，按"置零"键，使起始方向为0°，转动望远镜，使度盘读数为放样角度值后，在地面上做好标记，然后用盘右再放样一次，两次取平均位置即可。为省去计算麻烦，盘右时也可照准起始方向，把度盘置零。

（2）全站仪距离放样

利用全站仪进行距离放样时，首先安置仪器于放样边的起始点上，对中调平，然后开机，进入距离测量模式，Topcon GTS 330N 全站仪的距离放样的操作步骤见表4-5。

表 4-5　Topcon GTS 330N 全站仪的距离放样的操作步骤

操作过程	操作	显示
① 在距离测量模式下按"F4"(↓)键，进入第2页功能	[F4]	HR：120°30′40″ HD＊　123.456m VD：　5.678m 测量模式 S/A P1↓ …… 偏心放样 m/f/i P2↓

续表

操作过程	操 作	显 示
② 按"F2"(放样)键,显示出上次设置的数据	[F2]	放样: HD: 0.000m 平距 高差 斜距…
③ 通过按"F1"~"F3"键选择测量模式	[F1]	放样: HD: 0.000m 输入 回车 …………………… ……[CLR][ENT]
④ 输入放样距离	[F1] 输入数据 [F4]	放样: HD: 100.000m 输入… …回车
⑤ 照准目标(棱镜)测量开始,显示测量距离与放样距离之差	照准 P	HR:120°30′40″ dHD＊[r] ≪m VD: m 测量 模式 S/A P1↓
⑥ 移动目标棱镜,直至距离差等于 0m 为止		HR:120°30′40″ dHD＊[r]23.456m VD: 5.678m 测量 模式 S/A P1↓

（3）全站仪坐标放样

利用全站仪坐标放样的原理是先在已知点上设置测站,设站方法同全站仪三维坐标测量原理。然后把待放样点的坐标输入全站仪中,全站仪计算出该点的放样元素（极坐标）,如图 4-13 所示。执行放样功能后,全站仪屏幕显示角度差值,旋转望远镜至角度差值接近于 0°左右,把棱镜放置在此方向上,然后望远镜先瞄准棱镜（先不考虑方向的准确性）,进行测量距离,这时得到距离差值,根据距离差值指挥棱镜向前向后移动,并旋转望远镜,使角度差值为 0°,同时控制棱镜移动的方向在望远镜十字丝的竖丝方向上,然后进行距离测量,直到角度差值和距离差值都为零（或在放样精度允许的范围内）时,即可确定放样点的位置。

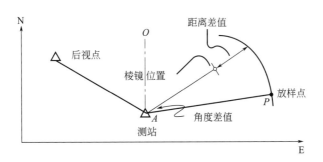

图 4-13 点的坐标放样示意

三、 电子全站仪的数据通信

1. 与电脑交换数据

① 在电脑上用文本编辑软件（如 Windows 附件的"写字板"程序）输入点的坐标数据，格式为"点名，Y，X，H"；保存类型为"文本文档"；如图 4-14 所示。

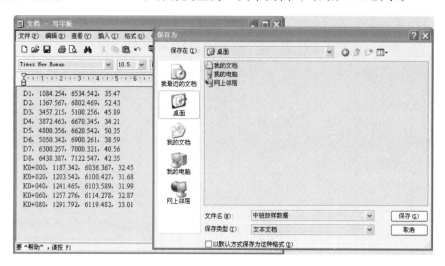

图 4-14　编辑上传的数据文件

② 用"写字板"程序打开文本格式的坐标数据文件，并打开 T-COM 程序，将坐标数据文件复制到 T-COM 的编辑栏中。

③ 用通信电缆将全站仪的"SIG"口与电脑的串口（如 COM1）相连，在全站仪上，按"MENU"—"MEMORY MGR."—"DATA TRANSFER"，进入数据传输，先在"COMM. PARAMETER"（通信参数）中分别设置"PROTOCOL"（议协）为"ACK/NAK"，"BAUD RATE"（波特率）为"9600"，"CHAR./PARITY"（校检位）为"8/NONE"，"STOP BITS"（停止位）为"1"。

④ 再在电脑上的 T-COM 软件中单击按钮" "，出现"Current data are saved as：030624.pts"对话框时，点"OK"，出现通讯参数设置对话框，如图 4-15 所示。按全站仪上的相同配置进行设置并选择"Read text file"后，单击"GO"后并选择刚才保存的文件"030624.pts"，将其打开，出现"Point Details"（点描述）对话框。

⑤ 回到全站仪主菜单，选择"MEMORY MGR."—"DATA TRANSFER"—"LOAD DATA"—"COORD. DATA"。用"INPUT"为上传（上载）的坐标数据文件输入一个文件名［如 ZBSJWJ（坐标数据文件）］后，单击"YES"使全站仪处于等待数据状态（Waiting Data），再在电脑"Point Details"对话框中点"OK"。

⑥ 若使用"COM-USB 转换器"将线缆与电脑 USB 接口相连时，要通过计算机管理中的端口管理，来查看接口是否是 COM1 或 COM2，不是则要将其改为 COM1 或 COM2。具体操作如图 4-16、图 4-17 所示，即"我的电脑"—（右键）—"管理"—"设备管理器"—"端口"—（双击）—"端口设置"（参数与全站仪相同，即 9600，8，无，1，无）—"高级"—选择"COM2"或"COM1"。

2. 数据下载

同上传一样，进行电缆连接和通讯参数的设置。单击按钮" "，设置通讯参数并选

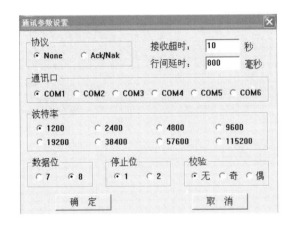

图 4-15　通讯参数设置框

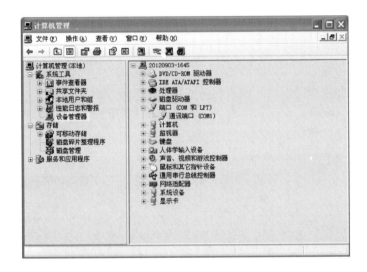

图 4-16　上传文件具体步骤（一）

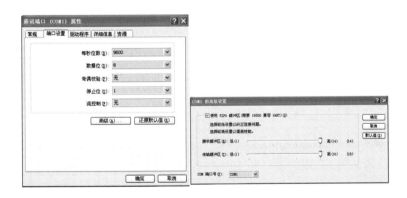

图 4-17　上传文件具体步骤（二）

择"Write text file"后，再在全站仪中选择"MEMORY MGR."—"DATA TRANS-FER"—"SEND DATA"—"MEAS. DATA"（选择下载数据文件类型中的"测量数据文件"）。先在电脑上按"GO"，处于等待状态，再在全站仪上按"YES"，即可将全站仪中的数据下载至电脑。出现"Current data are saved as 03062501. gt6"及"是否转换"对话框时，单击"Cancel"。单击按钮" "，将下载的数据文件取名后保存，如"数据采集1班1组.gt6"（保存时下载的测量数据文件及坐标数据文件均要加上扩展名gt6）。

 有话说

全站仪出厂时开机主显示屏显示的测量模式一般是水平度盘和竖直度盘模式，要进行其他测量时可通过菜单进行调节。

第三节 电子全站仪的测量误差、检验与校正

一、 电子全站仪的测量误差分析

按照全站仪测距的原理分析测距过程，全站仪测距误差可分为两类：一类是与所测距离远近无关的误差，称为固定误差，如测相误差和仪器加常数误差；另一类是与所测距离成比例的误差，称为比例误差，如光速误差、频率误差和大气折射率误差。

1. 固定误差

固定误差的分类如图4-18所示。

固定误差的分类	测相误差	测相误差就是测定相位差的误差。测相精度是影响测距精度的主要因素之一，因此应尽量减小此项误差
		测相误差包括测相系统的误差、幅相误差,照准误差和由噪声引起的误差。测相系统的误差可通过提高电路和测相装置的质量来解决。幅相误差是指由于接收信号强弱不同而引起的测距误差。现代的全站仪一般均设有自动光强调整系统，以调节信号的强度。照准误差是指发光二极管所发射的光束相位不均匀，以不同部位的光束照射反射棱镜时，测距结果不一致而产生的误差。此项误差主要取决于发光管的质量，此外可采用一些光学措施，如混相透镜等，在观测时采用电瞄准的方去，以减小照准误差。由噪声引起的误差是指大气抖动及光、电信号的干扰而产生噪声，降低了仪器对测距信号的辨别能力而产生的误差。可采用增大测距信号强度的方法来减少噪声的影响。另外，这项误差是随机的，仪器采用增加检相次数而取平均值的方法，也可减弱其影响
	仪器加常数误差	仪器加常数在出厂前都经过检测，已预置于仪器中，对所测距离自动进行改正。但仪器在搬运和使用过程中,加常数可能发生变化，因此应定期进行检测，将所测加常数的新值置于仪器中，以取代原先的值
	仪器和棱镜的对中误差	精密测距时,测前应对光学对中器进行严格校正，观测时应仔细对中，对中误差一般应小于2mm
	周期误差	周期误差是由于仪器内部电信号的串扰而产生的。周期误差在仪器的使用过程中也可能发生变化，所以应定期进行测定,必要时可对测距结果进行改正。如果周期误差过大，须送厂检修
		现在生产的全站仪均采用了大规模集成电路，并有良好的屏蔽，因此周期误差很小

图4-18 固定误差的分类

2. 比例误差

比例误差的分类如图 4-19 所示。

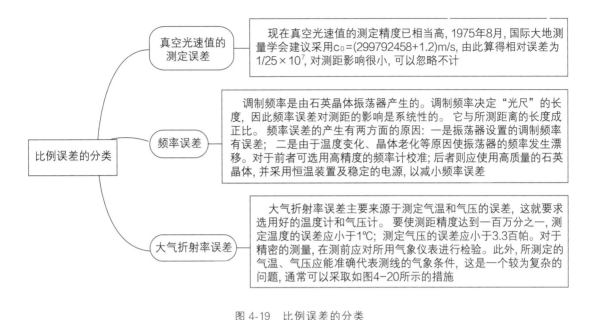

图 4-19　比例误差的分类

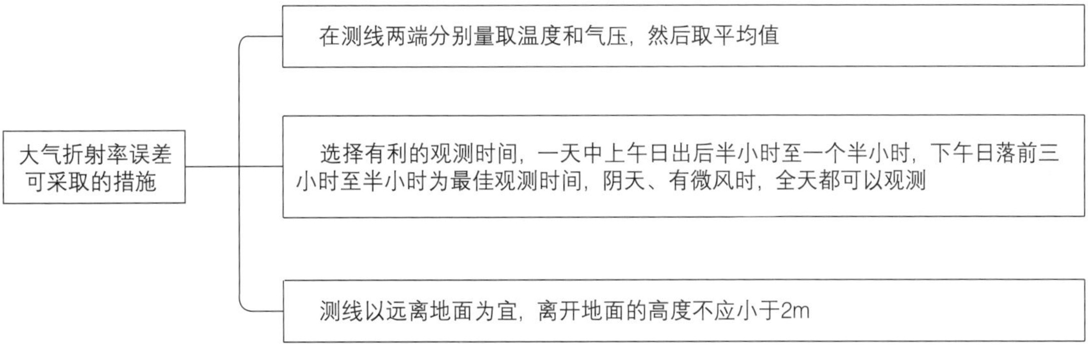

图 4-20　大气折射率误差可采取的措施

二、 电子全站仪的检验与校正

1. 检验与校正项目

电子全站仪需要定期到有关鉴定部门进行检验校正。此外，在全站仪经过运输、长期存放、受到强烈振动或怀疑受到损伤时，也需要进行检校。在对仪器进行检校之前，应进行外观质量检查：仪器外部有无碰损、各光学零部件有无损坏及霉点、成像是否清晰、各制动及微动螺旋是否有效、各接口是否正常接通和断开、键盘的按键操作是否正常等。仪器检校项目主要有如图 4-21 所示三个方面。

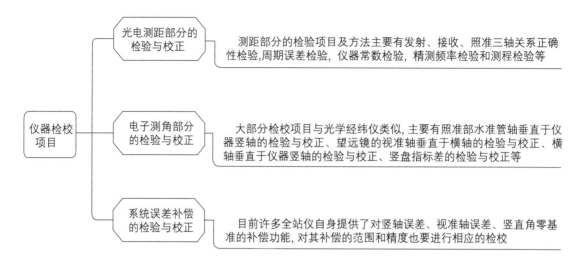

图 4-21　仪器检校项目

2. 检验方法

（1）照准部水准器的检验与校正

与普通经纬仪照准部水准器检校相同，即水准管轴垂直于竖轴的检校。

（2）圆水准器的检验与校正

照准部水准器校正后，使用照准部水准器仔细地整平仪器，检查圆水准气泡的位置，若气泡偏离中心，则转动其校正螺旋，使气泡居中。注意应使三个校正螺旋的松紧程度相同。

（3）十字丝竖丝与横轴垂直的检验与校正

十字丝竖丝与横轴垂直的检查方法与普通经纬仪的此项检查相同。

校正方法：旋开望远镜分划板校正盖，用校正针轻微地松开垂直和水平方向的校正螺旋，将一小片塑料片或木片垫在校正螺旋顶部的一端作为缓冲器，轻轻地敲动塑料片或木片，使分划板微微地转动，使照准点返回偏离十字丝量的一半，使十字丝竖丝垂直于水平轴，最后以同样紧的程度旋紧校正螺旋。

（4）十字丝位置的检验与校正

在距离仪器 50～100m 处，设置一清晰目标，精确整平仪器。打开开关设置垂直和水平度盘指标，盘左照准目标，读取水平角 a_1 和垂直度盘读数 b_1，用盘右再照准同一目标，读取水平角 a_2 和垂直度盘读数 b_2。计算 $a_2 - a_1$，此差值在 $180° \pm 20''$ 以内；计算 $b_2 + b_1$，此和值在 $360° \pm 20''$ 以内，说明十字丝位置正确，否则应校正。

校正方法：先计算正确的水平角和垂直度盘读数 A 和 B，$A = (a_2 + a_1)/2 + 90°$，$B = (b_2 + b_1)/2 + 180°$。仍在盘右位置照准原目标，用水平和垂直微动螺旋，将显示的角值调整为上述计算值。观察目标已偏离十字丝，旋下分划板盖的固定螺钉，取下分划板盖，用左右分划板校正螺旋，向着中心移动竖丝，再使目标位于竖丝上；然后用上下校正螺钉，再使目标置于水平丝上。注意：要将竖丝移向右（或左），先轻轻地旋松左（或右）校正螺钉，然后以同样的程度旋紧右（或左）校正螺钉。水平丝上（下）移动，也是先松后紧。重复检校，直至十字丝照准目标，最后旋上分划板校正盖。

（5）测距轴与视准轴同轴的检查

① 将仪器和棱镜面对面地安置在相距约 2m 的地方，如图 4-22 所示，使全站仪处于开机状态。

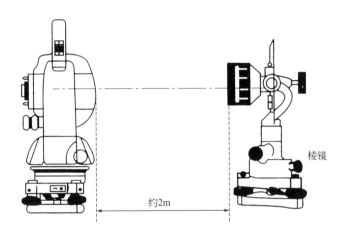

图 4-22　测距轴与视准轴同轴的检查

② 通过目镜照准棱镜并调焦，将十字丝瞄准棱镜中心。

③ 设置为测距或音响模式。

④ 将望远镜顺时针旋转调焦到无穷远，通过目镜可以观测到一个红色光点（闪烁）。如果十字丝与光点在竖直和水平方向上的偏差均不超过光点直径的 1/5，则无须校正；若上述偏差超过 1/5，再检查仍如此，应交专业人员修理。

（6）光学对中器的检验与校正

整平仪器：将光学对中器十字丝中心精确地对准测点（地面标志），转动照准部 180°，若测点仍位于十字丝中心，则无须校正；若偏离中心，则应进行校正。

校正方法：用脚螺旋校正偏离量的一半，旋松光学对中器的调焦环，用四个校正螺钉校正剩余一半的偏差，致使十字丝中心精确地与测点吻合。另外，当测点看上去有一绿色（灰色）区域时，轻轻地松开上（下）校正螺钉，以同样程度固紧下（上）螺钉；若测点看上去位于绿线（灰线）上，应轻轻地旋转右（左）螺钉，以同样程度固紧左（右）螺钉。

三、电子全站仪的使用注意事项

1. 全站仪安全操作注意事项

全站仪安全操作注意事项如图 4-23 所示。

2. 全站仪操作注意事项

全站仪操作注意事项如图 4-24 所示。

禁止在高粉尘、无良好排风设备或靠近易燃物品环境下使用仪器，以免发生意外

全站仪常规安全

禁止自行拆卸和重装仪器，以免引起意外事故

禁止直接用望远镜观察太阳，以免造成眼睛失明

观测太阳时务必使用阳光滤色镜

禁止坐在仪器箱上，以免滑倒造成人员受伤

禁止挥动或抛甩垂球，以免伤人

确保固紧提柄固定螺钉，以免提拿仪器时仪器跌落而造成人员受伤或仪器受损

确保固紧三角基座制动控制杆，以免提拿仪器时基座跌落而造成人员受伤

全站仪安全操作注意事项

电源系统安全

禁止使用与指定电压不符的电源，以免造成火灾或触电事故

禁止使用受损的电线、插头或松脱的插座，以免造成火灾或触电事故

使用指定的电源线，以免造成火灾事故

充电时，严禁在充电器上覆盖物品，以免造成火灾事故

使用指定的充电器为电池充电

严禁给电池加热或将电池扔入火中，以免爆炸伤人

为防止电池存放时发生短路，可用绝缘胶带贴于电池电极处

严禁使用潮湿的电池或充电器，以免短路引发火灾

不要用湿手插拔电池或充电器，以免造成触电事故

不要接触电池渗漏出来的液体，以免有害化学物质造成皮肤烧伤

仪器长期不用时，应将电池取下分开存放，电池应至少每月充电一次

图 4-23　全站仪安全操作注意事项

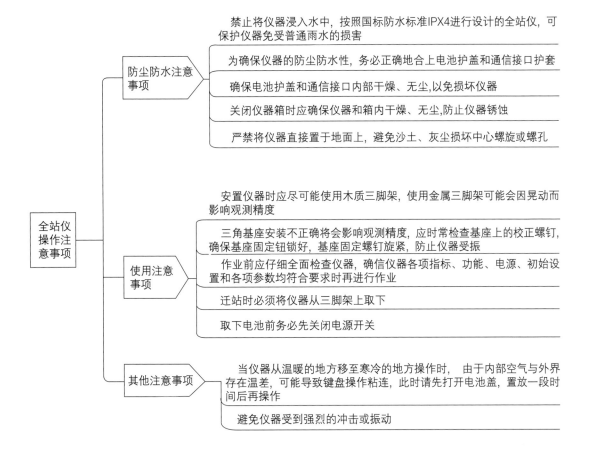

图 4-24　全站仪操作注意事项

 相关知识点 ▶▶

　　接收数据是全站仪接收从微机发送过来的数据文件，接收数据可以接收坐标数据和编码数据。其操作过程与发送数据大致相同。

第五章 ▶▶

GPS

第一节 GPS 基础知识

一、 GPS 定位的概述

全球定位系统（Global Positioning System，GPS）是导航卫星测时和测距全球定位系统（Navigation Satellite Timing and Ranging Global Positioning System）的简称。该系统是由美国国防部于 1973 年组织研制，历经 20 年，耗资 200 亿美金，于 1994 年全面建设成功，主要为军事导航与定位服务的系统。GPS 是利用卫星发射的无线电信号进行导航定位，具有全球性、全天候、高精度、快速实时的三维导航、定位、测速和授时功能，以及良好的保密性和抗干扰性。它已成为美国导航技术现代化的重要标志，被称为 20 世纪继阿波罗登月、航天飞机之后又一重大航天技术。

GPS 不但可以用于军事上各种兵种和武器的导航定位，而且在民用上也发挥重大作用。如智能交通系统中车辆导航、车辆管理和救援，民用飞机和船只导航及姿态测量，大气参数测量，电力和通信系统中的时间控制、地震和地球板块运动监测、地球动力学研究等，特别是在大地测量、城市和矿山控制测量、水下地形测量等方面都得到了广泛的应用。

GPS 能独立、迅速和精确地确定地面点的位置，与常规控制测量技术相比，有许多优点，如图 5-1 所示。

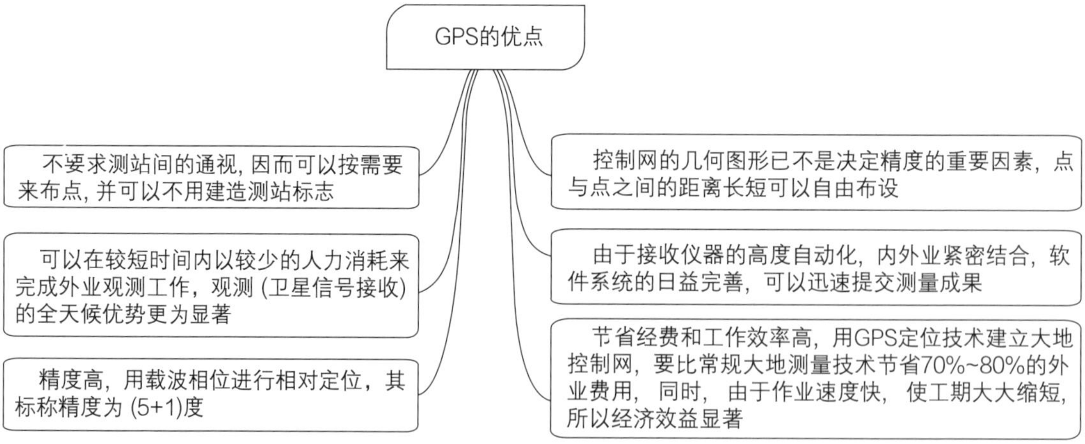

图 5-1 GPS 的优点

二、 GPS 的组成

GPS 主要由空间卫星部分、地面监控部分和用户设备部分组成，如图 5-2 所示。

GPS的组成

扫码观看本视频

1. 空间卫星部分

GPS 的空间卫星部分由 24 颗卫星组成，包括 21 颗工作卫星和

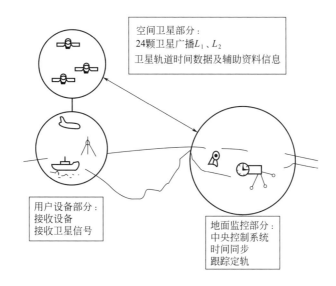

空间卫星部分：
24颗卫星广播L_1、L_2
卫星轨道时间数据及辅助资料信息

用户设备部分：
接收设备
接收卫星信号

地面监控部分：
中央控制系统
时间同步
跟踪定轨

图 5-2 GPS 的组成部分

3 颗在轨备用卫星，如图 5-3所示。每颗卫星重 774kg（包括 310kg 燃料），直径 1.5m，设计寿命为 7.5 年，卫星内安装有 4 台高精度原子钟（2 台铷钟和 2 台铯钟）、微电脑、电子存储器的信号接收/发送设备、两侧设有两块 7m² 的双叶太阳能翼板（能自动对日定向，以保证卫星正常工作用电）以及其他设备。这些卫星采用先进的扩频技术（Spread Spectrum），以 L_1、L_2 两个频率，将定位信号 24h 不停地发射给用户，覆盖全球表面。GPS 卫星发射 3 种信号：精密的 P 码，非精密的 C/A 捕获码，以及导航电文。

这些卫星均匀分布在 6 个轨道平面内，轨道平面相对于赤道平面的倾角为 55°，各个轨道平面之间交角为 60°，轨道高度 20183km。每个轨道平面内的各卫星之间的交角 90°，任一轨道平面上的卫星比西边相邻轨道平面上的相应卫星超前 30°。当地球对恒星来说自转一周时，它们绕地球运行两周，即绕地球一周的时间为 12 个恒星时。这样，对于地面观测者来说，在同一地点每天将提前 4min 见到同一颗 GPS 卫星。每颗卫星每天约有 5h 在地平线以上，同时位于地平线以上的卫星数量随着时间和地点的不同而不同，最少可见到 4 颗，最多可见到 11 颗。在用 GPS 信号导航定位时，为

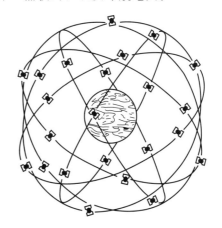

图 5-3 空间卫星示意

了计算观测站的三维坐标，必须观测 4 颗 GPS 卫星，称为定位星座。这 4 颗卫星在观测过程中的几何位置分布对定位精度有一定的影响，但是，由于时间短暂，并不影响全球绝大多数地方的全天候、高精度、连续实时的导航定位测量。

空间卫星的主要功能包括：接收和存储由地面监控站发来的导航信号，接收并执行监控站的控制指令；卫星上设有微处理机，可进行必要的数据处理；通过星载的高精度原子钟产生基准信号，提供精确的时间标准；向用户连续不断地发送导航定位信号；接收地面主控站通过注入站送给卫星的调度指令等。

2. 地面监控部分

（1）构成

GPS 的地面监控系统目前主要由主控站、信息注入站和监测站组成，如图 5-4 所示。这些监控站点分布在全球各地，它们由美国国防部管理。

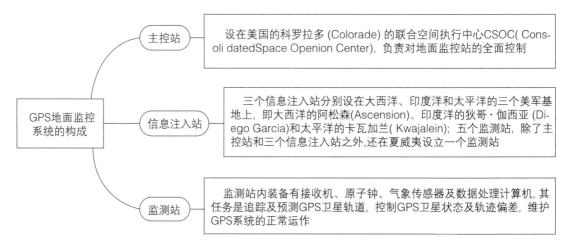

图 5-4　GPS 地面监控系统的构成

（2）工作原理

对于导航定位来说，GPS 卫星是一动态已知点。每颗 GPS 卫星所播发的星历，是由地面监控系统提供的。卫星上的各种设备是否正常工作，以及卫星是否一直沿着预定轨道运行，都要由地面设备进行监测和控制。地面监控系统另一重要作用是保持各颗卫星处于同一时间标准 GPS 时间系统。这就需要地面站监测各颗卫星的时间，求出时钟差，然后由地面注入站发送给卫星，卫星再由导航电文发送给用户设备。

（3）主要功能

GPS 地面监控系统的主要功能如图 5-5 所示。

GPS 的空间部分和地面监控部分是用户广泛应用该系统进行导航和定位的基础，均为美国国防部所控制。

3. 用户设备部分

GPS 的用户设备部分包括 GPS 接收机和数据处理软件。

GPS 接收机包括接收机天线、主机和电源。随着电子技术的发展，现在的 GPS 接收机已经高度集成化和智能化，实现了将接收天线、主机和电源全部制作在天线内，并能自动捕获卫星和采集数据。

GPS 接收机的核心部件是信道电路、基带处理电路和中央处理器，在专用软件的控制下，进行作业卫星选择、数据搜集、加工、传输、处理和存储。天线则接收来自各方位的导

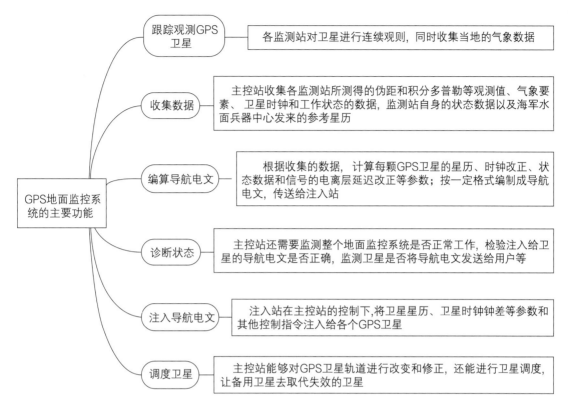

图 5-5　GPS 地面监控系统的主要功能

航卫星信号。GPS 接收机接收到从卫星传来的连续不断的编码信号后，再根据这些编码辨认相关的卫星，从导航电文中获取卫星的位置和时间，然后计算出接收机（即用户）所在的准确地理位置。

GPS 接收机的任务是捕获到按一定卫星高度截止角所选择的待测卫星的信号，并跟踪这些卫星的运行，对所接收到的 GPS 信号进行变换、放大和处理，以便测量出 GPS 信号从卫星到接收机天线的传播时间，解译出 GPS 卫星所发送的导航电文，实时地计算出观测站的三维位置，最终实现利用 GPS 进行导航和定位的目的。

静态定位中，GPS 接收机在捕获和跟踪 GPS 卫星的过程中固定不变，接收机高精度地测量 GPS 信号的传播时间，利用 GPS 卫星在轨的已知位置，解算出接收机天线所在位置的三维坐标。动态定位是用 GPS 接收机测定一个运动物体的运行轨迹。GPS 信号接收机所位于的运动物体叫做载体。载体上的 GPS 接收机天线在跟踪 GPS 卫星的过程中相对地球而运动，接收机用 GPS 信号实时地测得运动载体的状态参数。

三、　GPS 定位及特点

利用 GPS 确定地面点位的工作原理，如图 5-6 所示。根据 GPS 卫星发射的信号，确定空间卫星的轨道参数，计算出锁定的卫星在空间的瞬时坐标，然后将卫星看作为分布于空间的已知点，利用 GPS 地面接收机，接收从四颗（或以上）卫星在空间运行轨道上同一瞬时发出的超高频无线电信号，经过系统的处理，获得地面点至这几颗卫星的空间距离，用空间后方距离交会的方法，求得地面点的空间位置。GPS系统所采用的坐标为WGS-84坐标系，地面上A、B两点的空间三维坐标分别为$A(x_a, y_a, z_a)$，$B(x_b, y_b, z_b)$。

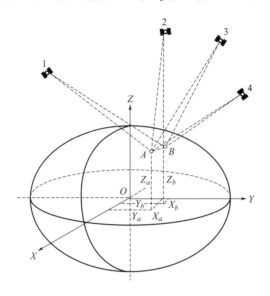

图5-6　地面点位坐标示意

1. 绝对定位与相对定位

按定位方式划分，GPS定位分为绝对定位和相对定位。

（1）绝对定位

绝对定位又称单点定位，是指在一个观测点上，利用GPS接收机观测四颗以上的GPS卫星，根据GPS卫星和用户接收机天线之间的距离观测量和已知卫星的瞬时坐标，独立确定特定点在地固坐标系（坐标系固定在地球上，随地球一起转动）中的位置，如图5-7所示。

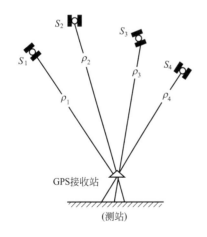

图5-7　绝对定位（单点定位）

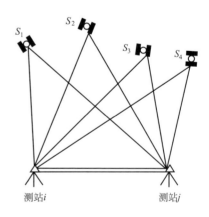

图5-8　相对定位

优点：只需一台接收机便可独立定位，观测的组织与实施简便，数据处理简单。

缺点：由于GPS采用单程测距原理，卫星钟与用户接收机钟难以保持严格的同步，所以观测的卫星与测站间的距离，含有受到卫星钟与用户接收机钟同步差，以及卫星星历和卫星信号在传播过程中的大气延迟误差的影响，定位精度较低。

美国实施 SA（Selective Availability，选择可用性）政策以后，不能利用其精码（精确定位信号），使一般用户采用 GPS 绝对定位（标准定位服务）方法只能达到±100m 左右的定位精度，难以满足一般工程定位测量的要求。

（2）相对定位

相对定位是指在两个或若干个观测站上，设置 GPS 接收机，同步跟踪观测相同的 GPS 卫星，测定它们之间的相对位置，根据不同接收机的观测数据来确定观测点之间的相对位置的方法，如图 5-8 所示。

在相对定位中，至少有一个已知位置点，该点称为基准点。相对定位是在几个点同步观测 GPS 卫星数据进行，可以有效地消除或减弱许多相同的或基本相同的误差，如卫星钟的误差、卫星星历误差、信号的传播延迟误差和 SA 的影响等，从而获得很高的相对定位精度。但相对定位要求各站接收机必须同步跟踪观测相同的卫星，因而作业组织和实施比较复杂，而且两点的距离受到限制，一般在 1000km 以内。

2. 静态定位与动态定位

（1）静态定位

静态定位的概念和特点如图 5-9 所示。

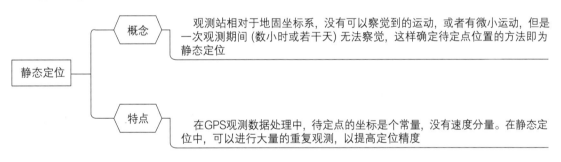

图 5-9　静态定位的概念和特点

（2）动态定位

动态定位的概念和分类如图 5-10 所示。

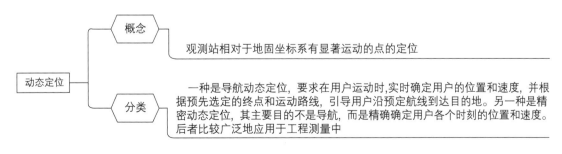

图 5-10　动态定位的概念和分类

3. GPS 的特点

GPS 的特点如图 5-11 所示。

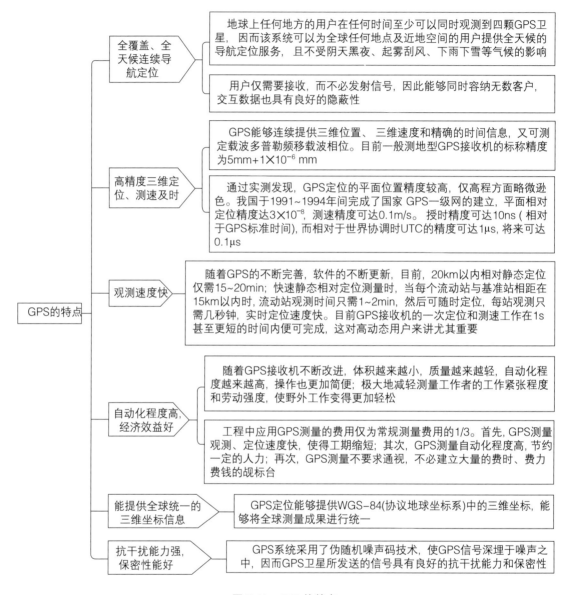

图 5-11　GPS 的特点

 相关知识点 ▶▶

　　GPS 定位的基本方法可分为四种：卫星射电干涉测量、多普勒定位法、伪距定位法和载波相位测量。

第二节 GPS 的操作

一、 GPS 测量的作业模式

GPS的操作步骤

扫码观看本视频

GPS 测量的作业模式是指利用 GPS 定位技术确定观测站之间相对位置所采用的作业方式，它与 GPS 接收设备的硬件和软件密切相关。由于 GPS 测量数据处理软件系统的发展，目前已有多种作业模式可供选择。作业模式主要有静态定位模式、快速静态定位模式、准动态定位模式及动态定位模式等。

1. 静态定位模式

静态定位模式是将 GPS 接收机安置在基线端点，观测中保持接收机位置的固定，以便能通过重复观测取得多次观测数据，以提高定位精度。通常需要采用两套或两套以上 GPS 接收设备；可以安置在一条或数条基线的端点上，同步观测 4 颗以上卫星。可观测数个时段，每时段长 1～3h。静态定位一般采用载波相位观测量。

静态定位模式所观测的基线边，一般应构成某种闭合图形，这样有利于观测成果的检核，增加 GPS 网的强度，提高成果的可靠性及平差后的精度。

静态定位测量一般需要有几套接收设备进行同步观测，同步观测所构成的几何图形称为同步环路。使用三套接收设备，同步环路可构成三边形，如图 5-12（a）所示；使用四套接收设备，则可构成四边形或中点三边形，如图 5-12（b）、（c）所示。GPS 网是由若干个同步环路构成。

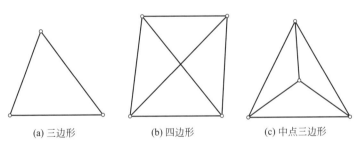

(a) 三边形　　　　　(b) 四边形　　　　　(c) 中点三边形

图 5-12　GPS 三边形与四边形

静态定位测量是 GPS 定位测量中精度最高的作业模式，基线测量的精度可达 5mm＋$1 \times 10^{-6} \times D$，其中 D 为基线长度。因此，静态定位测量广泛地应用于大地测量、精密工程测量及其他精密测量。

2. 快速静态定位模式

快速静态定位模式是在测区的中部选择一个基准站，并安置一台接收机，连续跟踪所有可见卫星；另一台接收机依次到各点流动设站，并且在每个流动站上，静止观测数分钟，以快速解算法解算整周未知数，如图 5-13 所示。要求在观测中必须至少跟踪 4 颗卫星，而且流动站距基准站一般不应超过 15km。由于流动站的接收机在迁站过程中无须保持对所测卫星的连续跟踪，因而可以关闭电源以节约电能。

该模式观测速度快，精度也较高，流动站相对基准站的基线中误差为（5～10）mm＋$1 \times 10^{-6} \times D$。但由于直接观测边不构成闭合图形，所以缺少检核条件。

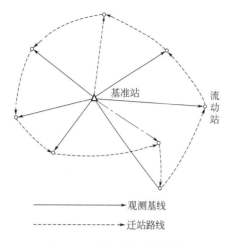

图 5-13　快速静态定位模式

该方法一般用于工程控制测量及其加密、地籍测量和碎部测量等。

3. 准动态定位模式

准动态定位模式是指在测区选择一个基准站，安置接收机连续跟踪所有可见卫星，使用另一台接收机作为流动接收机，将其置于起始点上，观测数分钟，以便快速确定整周未知数。在保持对所测卫星连续跟踪的情况下，流动的接收机依次迁到各个测点上观测数秒，以获得相应的观测值，如图 5-14 所示。观测时必须至少有 4 颗以上的卫星可供观测。在观测中，流动接收机对所测卫星信号不能失锁，如果发生失锁现象，应在失锁后的流动点上，将观测时间延长至数分钟。流动点与基准站相距应不超过 15km。

准动态定位模式工作效率高。在作业过程中，虽然偶尔会发生失锁现象，只要在失锁的流动站点上，延长观测时间数分钟，即可向前继续观测。各流动站点相对于基准点的基线精度一般可达（10～20）mm+1×10⁻⁶×D。

准动态定位模式适用于开阔地区的控制点加密、路线测量、工程定位及碎部测量等。

4. 动态定位模式

动态定位模式是指建立一个基准站，并安置接收机，连续跟踪观测所有可见卫星。再使用接收机安置在运动的载体上，在出发点静止观测数分钟，以便快速解算整周未知数。然后从出发点开始，载体按测量路线运动，其上的接收机就按预定的采用间隔自动进行观测，如图 5-15 所示。

动态定位模式要求在作业过程中，至少同时跟踪观测到 4 颗以上卫星。运动路线与基准站的距离不超过 15km。动态定位的观测速度快，并可实现载体的连续实时定位。运动点相对基准站的基线精度一般可达（10～20）mm+1×10⁻⁶×D。

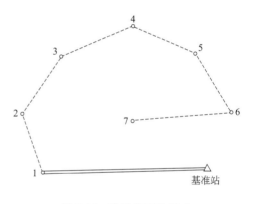

图 5-14　准动态定位模式

动态定位模式适用于测定运动目标的轨迹、路线中线测量、开阔地区的横断面测量和航道测量等。

二、　GPS 测量的误差分析

按误差的来源 GPS 测量误差可分为以下三类。

1. 与 GPS 卫星有关的误差

与 GPS 卫星有关的误差主要包括卫星钟的误差和卫星轨道偏差。

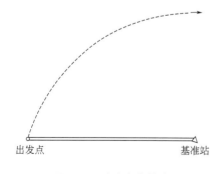

图 5-15　动态定位模式

（1）卫星钟的误差

卫星的位置是时间的函数，与卫星位置相对应的时间信息，是通过卫星信号的编码信息传送给接收机的。在 GPS 定位中，无论是码相位观测或是载波相位观测，均要求卫星钟与接收机钟保持严格同步。实际上，尽管 GPS 卫星均设有高精度的原子钟（铷钟和铯钟），其稳定度较高，但它们与理想的 GPS 时间仍存在偏差或漂移。这种偏差的总量约在 1ms 以内，一般可由卫星的主控站，通过对卫星钟运行状态的连续监测确定，并通过卫星的导航电文提供给接收机。经钟差改正后，各卫星钟之间的同步差，即可保持在 20ns（毫微秒）以内。

在相对定位中，卫星钟差可通过观测量求差（或差分）的方法消除。

（2）卫星轨道偏差

目前，卫星轨道信息通过导航电文得到，该误差是当前 GPS 测量误差的主要来源之一。测量的基线长度越长，误差的影响就越大。

在 GPS 定位测量中，处理卫星轨道误差通常采用三种方法：忽略轨道误差、采用轨道改进法处理观测数据和同步观测值求差。

2. 与卫星信号传播有关的误差

与卫星信号传播有关的误差主要包括大气折射误差和多路径效应。

（1）电离层折射的影响

GPS 卫星信号通过电离层时，将受到这一介质弥散特性的影响，使信号的传播路径发生变化。当 GPS 卫星处于天顶方向时，电离层折射对信号传播路径的影响最小；而当卫星接近地平线时，则影响最大。为了减弱电离层的影响，在 GPS 定位测量中通常采取包括如图 5-16 所示的几种措施。

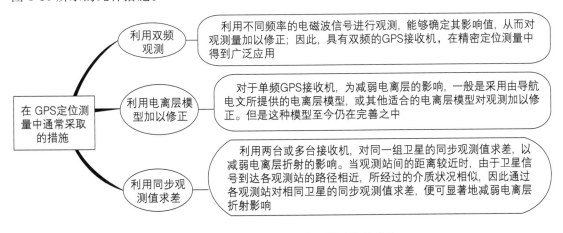

图 5-16 在 GPS 定位测量中通常采取的措施

（2）对流层折射的影响

对流层折射对观测值的影响，可分为干分量与湿分量两部分。干分量与大气的温度与压力有关，可通过地面的大气资料计算。湿分量与信号传播路径上的大气湿度有关，目前尚无法准确测定，对于较短的基线（<50km），湿分量的影响较小。

关于对流层折射的影响，一般的几种处理方法包括：定位精度要求不高时，可不考虑其影响；采用对流层模型进行改正；引入描述对流层影响的附加待定参数，在数据处理中一并求解；采用观测量求差的方法。

（3）多路径效应影响

多路径效应是指接收机天线除直接收到卫星发射的信号外，还可能收到经天线周围地物一次或多次反射卫星信号，如图 5-17 所示。两种信号叠加，将会引起测量参考点位置的变化，使观测量产生误差。而且这种误差随天线周围反射面的性质而异，难以控制。多路径效应对测码伪距的影响可达米级，对测相伪距的影响可达厘米级。而在高反射环境下，不仅其影响将显著增大，而且常会导致接收的卫星信号失锁和使载波相位观测量产生周跳。

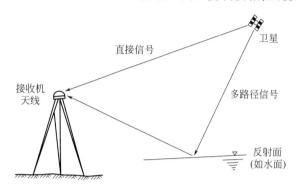

图 5-17　多路径效应

目前，减弱多路径效应影响的措施包括：安置接收机天线的环境，应避开较强的反射面，如水面、平坦光滑的地面，以及平整的建筑物表面等。选择造型适宜且屏蔽良好的天线，如采用扼流圈天线等；适当延长观测时间，削弱多路径效应的周期性影响。改善 GPS接收机的电路设计，以减弱多路径效应的影响。

3. 与接收设备有关的误差

与 GPS 接收设备有关的误差主要包括观测误差、接收机的钟差、天线的相位中心位置偏差和载波相位观测的整周不确定性影响，如图 5-18 所示。

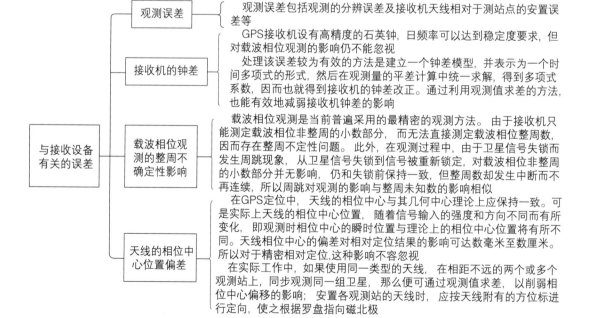

图 5-18　与接收设备有关的误差

有话说

　　由于同步观测值之间有着多种误差，其影响是相同的或大体相同的，这些误差在相对定位过程中可以得到消除或减弱，从而使相对定位获得极高的精度。当然，相对定位时需要多台（至少两台以上）接收机进行同步观测。因此增加了外业观测组织和实施的难度。

第六章

距离测量与直线定向

第一节 卷尺测量距离

一、量距工具

钢尺量距用到的工具有钢尺、标杆、测钎及垂球等，有时还用到温度计和弹簧秤。

钢尺也称钢卷尺，其长度有 20m、30m 和 50m 等几种。钢尺分划也有几种形式，有的是以 cm 为基本分划，适用于一般量距；有的也以 cm 为基本分划，但尺端第一 dm 内有 mm 分划；还有全部以 mm 为基本分划的。后两种适用于较精密的距离丈量。钢尺的 m 和 dm 的分划线上都有数字注记。

钢尺按零点位置不同有端点尺和刻线尺之分。端点尺是以尺的最外端作为尺的零点，如图 6-1（a）所示，端点尺便于从墙根和不便于拉尺的地方进行量距；刻线尺是在尺的起点一端的某位置刻一横线作为尺的零点，如图 6-1（b）所示，刻线尺可测得较高的丈量精度。在使用钢尺时，一定要看清钢尺的零点位置，以便量得正确可靠的结果。

(a) 端点尺   (b) 刻线尺

图 6-1 钢尺的零点位置

钢尺量距的辅助工具有测钎、标杆、垂球等。如图 6-2（a）所示，标杆又称花杆，直径 3～4cm，长 2～3m，杆身用油漆涂成红白相间，下端装有锥形铁尖，在测量中花杆主要用于直线定线。测钎亦称测针，用直径 5mm 左右的粗钢丝制成，长 30～40cm，上端弯成环形，下端磨尖，一般以 11 根为一组，穿在铁环中，用来标定尺的端点位置和计算整尺段数，如图 6-2（b）所示。测钎用于分段丈量时，标定每段尺端点位置和记录整尺段数。垂球亦称线锤，用于在不平坦的地面直接量水平距离时，将平拉的钢尺的端点投影到地面上。当进行精密量距时，还需配备弹簧秤和温度计。

二、直线定线

一般丈量的距离都比整根尺子长，要用尺子连续量几次才能量完，为方便量距工作，需将欲丈量的直线分成若干尺段进行丈量，这就需要在直线的方向上插上一些标杆或测钎，在同一直线上定出若干点，这项工作被称为直线定线。直线定线的方法一般有经纬仪定线、目估定线、拉小线定线等方法。

1. 经纬仪定线

当直线定线精度要求较高时，可用经纬仪定线。如图 6-3 所示，欲在 AB 线内精确定出 1，2，…点的位置，可由甲施测员将经纬仪安置于 A 点，用望远镜照准 B 点，固定照准部制动螺旋，然后将望远镜向下俯视，用手势指挥乙施测员移动标杆，当标杆与十字丝纵丝重合时，便在标杆的位置打下木桩，再根据十字丝在木桩上钉下铁钉，准确定出 1 点的位置。同法定出 2 点和其他各点的位置。

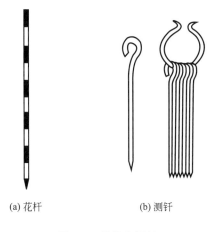

(a) 花杆　　　　(b) 测钎

图 6-2　花杆和测钎

2. 拉小线定线

距离测量时，常用拉小线方法进行定线，即在欲丈量的 A、B 两点间拉一条细绳，然后沿着细绳按照定线点间的间距要小于一整尺段定出各点，并做上相应标记，此法应用于场地平坦的地区。

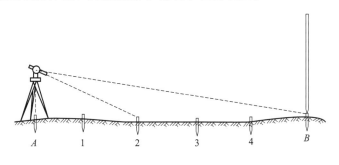

图 6-3　经纬仪定线

三、 量距的一般方法

1. 平坦地面的距离丈量

沿地面直接丈量水平距离，可先在地面定出直线方向，然后逐段丈量，则直线的水平距离按下式计算：

$$D = nl + q \tag{6-1}$$

式中　l——钢尺的一整尺段长，m；

　　　n——整尺段数；

　　　q——不足一整尺的零尺段的长，m。

丈量时后尺手持钢尺零点一端，前尺手持钢尺末端，通常用测钎标定尺段端点位置。丈量对应注意沿着直线方向，钢尺需拉紧伸直而无卷曲。直线丈量时尽量以整尺段丈量，最后丈量余长，以方便计算。丈量时应记清楚整尺段数，或用测钎数表示整尺段数。

为了防止丈量过程中发生错误，同时也为了提高距离测量成果精度，通常采用往返丈量进行比较；若符合精度要求，则取往返丈量平均值作为丈量的最后结果。

一般用相对误差 K 来表示距离丈量成果的精度，其值等于往返丈量的距离之差与平均距离之比，相对误差通常化为分子为 1 的分式，即

$$K = \frac{|D_{往} - D_{返}|}{D_{平均}} = \frac{1}{D_{平均} / |D_{往} - D_{返}|} \tag{6-2}$$

【例 6-1】 已知 A、B 的往测距离为 186.683m，返测距离为 186.725m，求 AB 的平均距离及相对误差。

【解】
$$D_{平均} = (D_{往} + D_{返}) \div 2 = 186.704 （\text{m}）$$

$$K = \frac{|186.683 - 186.725|}{186.704} \approx \frac{1}{4445}$$

相对误差分母越大，则 K 值越小，精度越高；反之，精度越低。量距精度取决于工程的要求和地面起伏的情况，在平坦地区，钢尺量距的相对误差一般不低于 1/3000；在量距较困难的地区，其相对误差不低于 1/2000。

2. 倾斜地面量距

（1）平量法

当地势不平坦但起伏不大时，为了直接量取 A、B 两点间的水平距离，可目估拉钢尺水平，由高处往低处丈量两次。如图 6-4 所示，甲在 A 点指挥乙将钢尺拉在 AB 线上，甲将钢尺零点对准 A 点，乙将钢尺抬高，并目估使钢尺水平，然后用垂球线紧贴钢尺上某一整刻划线，将垂球尖投入地面上，用测钎插在垂球尖所指的 1 点处，此时尺上垂球线对应读数即为 $A1$ 的水平距离 d_1，同法丈量其余各段，直至 B 点。则有 $D = \sum d$。

用同样的方法对该段进行两次丈量，若符合精度要求，则取其平均值作为最后结果。

（2）斜量法

如图 6-5 所示，当地面倾斜坡度较大时，可用钢尺量出 AB 的斜距 L，然后用水准测量或其他方法测出 A、B 两点的高差 h，则 $D = \sqrt{L^2 - h^2}$。

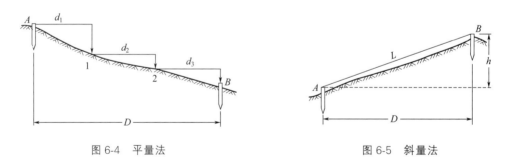

图 6-4 平量法　　　　　　　　　　图 6-5 斜量法

斜量法也需测量两次，符合精度要求时，取平均值作为最后结果。

四、 钢尺量距的误差分析

钢尺量距的误差分析如图 6-6 所示。

五、 钢尺量距的注意事项

利用钢尺进行直线丈量时，产生误差的可能性很多，主要有尺长误差、拉力误差、温室变化的误差、尺身不水平的误差、直线定线误差、钢尺垂曲误差、对点误差、读数误差等。因此，在量距时应按规定操作并注意检核。此外还应注意如图 6-7 所示几个事项。

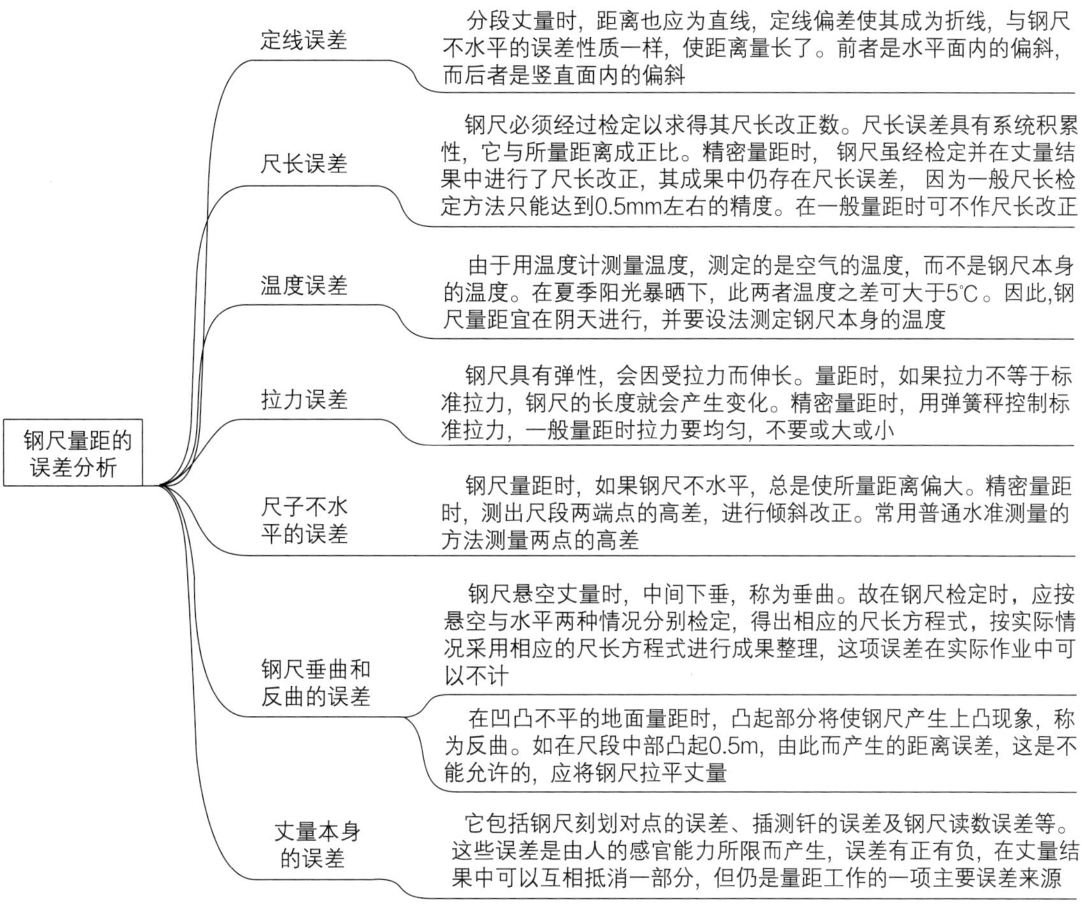

图 6-6 钢尺量距的误差分析

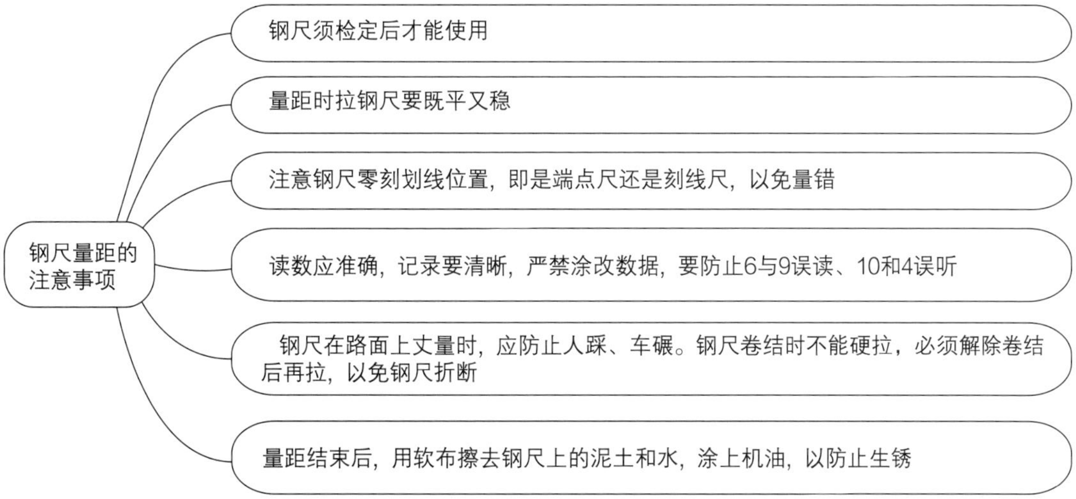

图 6-7 钢尺量距的注意事项

收卷钢尺时，应按顺时针方向转动钢尺摇柄。

第二节 直线定向

一、标准方向

1. 真北方向

包含地球南北极的平面与地球表面的交线称为真子午线。过地面点的真子午线切线方向，指向北方的一端，称为该点的真北方向，如图 6-8（a）所示。真北方向用天文观测方法或陀螺经纬仪测定。

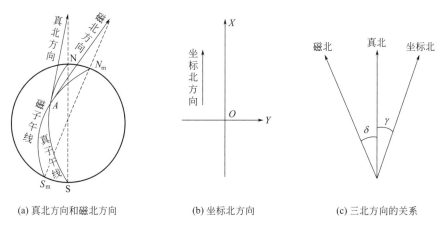

(a) 真北方向和磁北方向   (b) 坐标北方向   (c) 三北方向的关系

图 6-8 三北方向及其关系

2. 磁北方向

包含地球磁南北极的平面与地球表面的交线称为磁子午线。过地面点的磁子午线切线方向，指向北方的一端称为该点的磁北方向，如图 6-8（a）所示。磁北方向用指南针或罗盘仪测定。

3. 坐标北方向

平面直角坐标系中，通过某点且平行于坐标纵轴（X 轴）的方向，指向北方的一端称为坐标北方向，如图 6-8（b）所示。高斯平面直角坐标系中的坐标纵轴，是高斯投影带的中央子午线的平行线；独立平面直角坐标系中的坐标纵轴，可以由假定获得。

上述三北方向的关系如图 6-8（c）所示。过一点的磁北方向与真北方向之间的夹角称为磁偏角，用 δ 表示；过一点的坐标北方向与真北方向之间的夹角称为子午线收敛角，用 γ 表示。磁北方向或坐标北方向偏在真北方向东侧时，δ 或 γ 为正；偏在真北方向西侧时，δ 或 γ 为负。

二、方位角

测量工作中，主要用方位角表示直线的方向。由直线一端的标准方向顺时针旋转至该直线的水平夹角,称为该直线的方位角,其取值范围是 $0°\sim360°$。我国位于地球的北半球,选用真北、磁北和坐标北方向作为直线的标准方向,其对应的方位角分别称为真方位角、磁方位角和坐标方位角。

用方位角表示一条直线的方向,因选用的标准方向不同,使得该直线有不同的方位角值。普通测量中最常用的是坐标方位角用 α_{AB} 表示。直线是有向线段,下标中 A 表示直线的起点,B 表示直线的终点,如图 6-9 所示。例如直线 A 至 B 的方位角为 $105°$,表示为 $\alpha_{AB}=105°$,A 点至 1 点直线的方位角为 $320°38'20''$,表示为 $\alpha_{A1}=320°38'20''$。

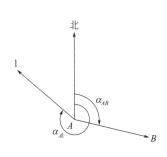

图 6-9 坐标方位角

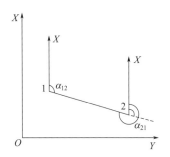

图 6-10 正反坐标方位角

三、 坐标方位角的计算

1. 正反坐标方位角

由图 6-10 可以看出,任意一条直线存在两个坐标方位角,它们之间相差 $180°$,即

$$\alpha_{21}=\alpha_{12}\pm180° \tag{6-3}$$

一般把 α_{12} 称为直线 AB 的正坐标方位角,则 α_{21} 便称为其反坐标方位角。在测量工作中,经常要计算某条直线的正反坐标方位角。例如若 $\alpha_{12}=125°$,则其反坐标方位角为

$$\alpha_{21}=125°+180°=305°$$

又若 $\alpha_{AB}=320°38'20''$,则其反坐标方位角为

$$\alpha_{BA}=320°38'20''-180°=140°38'20''$$

有时为了计算方便,可将上式中的"$\pm$"号改为只取"$+$"号,即

$$\alpha_{21}=\alpha_{12}+180° \tag{6-4}$$

若此式计算出的反坐标方位角 α_{21} 大于 $360°$,则将此值减去 $360°$ 作为 α_{21} 的最后结果。

2. 同始点直线坐标方位角的关系

如图 6-11 所示,若已知直线 AB 的坐标方位角,又观测了它与直线 $A1$、$A2$ 所夹的水平角分别为 β_1、β_2,由于方位角是顺时针方向增大,由图可知:

$$\alpha_{A1}=\alpha_{AB}-\beta_1 \tag{6-5}$$

$$\alpha_{A2}=\alpha_{AB}+\beta_2 \tag{6-6}$$

如图 6-11 所示,若已知直线 AB 的坐标方位角为 $\alpha_{AB}=110°18'42''$,观测水平夹角 $\beta_1=47°06'00''$,$\beta_2=148°23'12''$,求其他各边的坐标方位角的计算式如下。

$$\alpha_{A1}=\alpha_{AB}-\beta_1$$
$$=110°18'42''-47°06'00''=63°12'42''$$

$$\alpha_{A2}=\alpha_{AB}+\beta_2$$
$$=110°18'42''+148°23'12''=258°41'54''$$

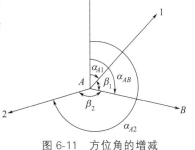

图 6-11 方位角的增减

3. 坐标方位角推算

实际工作中，为了得到多条直线的坐标方位角，把这
些直线首尾相接，依次观测各接点处两条直线之间的转折角，若已知第一条直线的坐标方位
角，便可根据上述两种算法依次推算出其他各条直线的坐标方位角。

如图 6-12 所示，已知直线 12 的坐标方位角为 α_{12}，2、3 点的水平转折角分别为 β_2 和 β_3，其
中 β_2 在推算路线前进方向左侧，称为左角；β_3 在推算路线前进方向的右侧，称为右角。欲推算
此路线上另两条直线的坐标方位角 α_{23}、α_{34}。

根据反方位角计算公式（6-4）得：

$$\alpha_{21} = \alpha_{12} + 180°$$

再由同始点直线坐标方位角计算公式（6-6）可得：

$$\alpha_{23} = \alpha_{21} + \beta_2 = \alpha_{12} + 180° + \beta_2$$

上式计算结果如大于 360°，则减 360° 即可。同理可由 α_{23} 和 β_3 计算直线 34 的坐标方位角：

$$\alpha_{34} = \alpha_{23} + 180° - \beta_3$$

上式计算结果如为负值，则加 360° 即可。

上述两个等式分别为推算直线 23 和直线 34 各边坐标方位角的递推公式。由以上推导过
程可以得出坐标方位角推算的规律为：下一条边的坐标方位角等于上一条边坐标方位角加
180°，再加上或减去转折角（转折角为左角时加，转折角为右角时减），即：

$$\alpha_{下} = \alpha_{上} + {-\beta(右) \atop +\beta(左)} + 180° \tag{6-7}$$

若结果 ≥360°，则再减 360°；若结果为负值，则再加 360°。

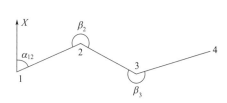

图 6-12　坐标方位角推算

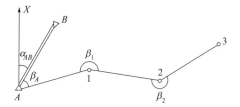

图 6-13　坐标方位角推算略图

【例 6-2】　如图 6-13 所示，直线 AB 的坐标方位角为 $\alpha_{AB} = 56°18'42''$，转折角 $\beta_A = 37°06'42''$，$\beta_1 = 238°23'18''$，$\beta_2 = 217°52'48''$，求其他各边的坐标方位角。

【解】　根据式（6-6）得：

$$\begin{aligned}
\alpha_{A1} &= \alpha_{AB} + \beta_A \\
&= 56°18'42'' + 37°06'42'' \\
&= 93°25'24''
\end{aligned}$$

根据式（6-7）得：

$$\begin{aligned}
\alpha_{12} &= \alpha_{A1} + \beta_1 + 180° \\
&= 93°25'24'' + 238°23'18'' + 180°（-360°） \\
&= 79°48'42''
\end{aligned}$$

$$\begin{aligned}
\alpha_{23} &= \alpha_{12} - \beta_2 + 180° \\
&= 79°48'42'' - 217°52'48'' + 180° \\
&= 41°55'54''
\end{aligned}$$

四、象限角

如图 6-14 所示，由标准方向线的北端或南端，顺时针或逆时针量到某直线的水平夹角，称为象限角，用 R 表示，其值在 $0°\sim90°$ 之间。象限角不但要表示角度的大小，而且还要注意该直线位于第几象限。象限角分别用北东、南东、南西和北西表示。

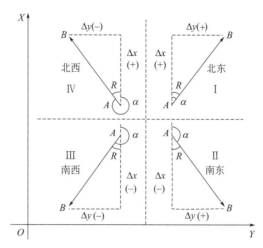

图 6-14　象限角与方位角的关系

象限角一般只在坐标计算时用，这时所说的象限角是指坐标象限角。坐标象限角与坐标方位角之间的关系见表 6-1。

表 6-1　坐标象限角与坐标方位角关系

象限	方向	坐标方位角 推算象限角	象限角推算 坐标方位角
第一象限	北东	$R=\alpha$	$\alpha=R$
第二象限	南东	$R=180°-\alpha$	$\alpha=180°-R$
第三象限	南西	$R=\alpha-180°$	$\alpha=180°+R$
第四象限	北西	$R=360°-\alpha$	$\alpha=360°-R$

【例 6-3】　地处繁华市区中心广场一角的某商店，平面呈圆弧形，沿圆弧半径 86500mm，房屋进深为 11800mm，前沿每间轴线间弦长 4000mm，总平面及平面图如图 6-15、图 6-16 所示。用坐标计算法计算每间弦长所对应的圆心角 α。

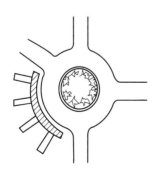

图 6-15　商店总平面图

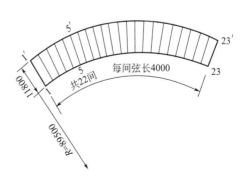

图 6-16　商店平面图

【解】 （1）如图 6-17 （a）所示，圆弧平面的每一轴线点都可以组成以半径 R 为斜边的直角三角形 $1a_1O$，$2a_2O$，$3a_3O$，…，$11a_{11}O$，半径 $R=86.5$m。如图 6-17 （b）所示，直角三角形 $1a_1O$ 的两个锐角分别为 α_1 和 β_1。由图 6-17 （b）可得：

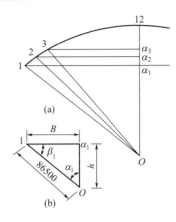

$$\left.\begin{array}{l} B_i=R\sin\alpha_i，\ B=R\sin\alpha_1 \\ h_i=R\cos\alpha_i，h_1=R\cos\alpha_1 \end{array}\right\} \tag{6-8}$$

（2）下面计算直角三角形 $1a_1O$ 的 α_1 值。如图 6-18 所示，先求每间弦长 4000mm 所对的圆心角 α，有公式：

$$\sin(\alpha/2)=2000/86500 \tag{6-9}$$

由上式可求得：

$$\alpha=2°39'$$

在直角三角形 $1a_1O$ 中，α_1 值即为总共 11 间所对的圆心角，即：

$$\alpha_1=2°39'\times11=29°09'$$

同理，对于其他直角三角形，其锐角 α_i 为：$\alpha_2=2°39'\times10$；$\alpha_3=2°39'\times9$；…

图 6-17 坐标计算图

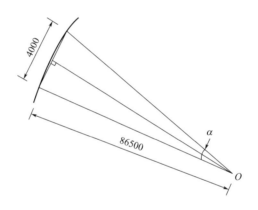

图 6-18 每间弦长所对应的圆心角 α

 相关知识点 ▶▶▶

　　在测量工作中常常需要确定地面两点平面位置的相对关系，除了测定两点之间的距离外，还应确定两点所连直线的方向。一条直线的方向，是根据某一标准方向来确定的。确定直线与标准方向之间的关系，称为直线定向。

第七章 ▶▶

变形测量

第一节 变形测量的特点及观测要求

建筑物产生变形的原因很多，如地质条件、地震、荷载及外力作用的变化等是其主要原因。在建筑物的设计及施工中，都应全面地考虑这些因素。如果设计不合理、材料选择不当、施工方法不当或施工质量低劣，就会使变形超出允许值而造成损失。建筑物变形的表现形式主要为产生水平位移、垂直位移和倾斜，有的建筑物也可能产生挠曲及扭转。当建筑物的整体性受到破坏时，则会产生裂缝。

一、 变形产生的原因

由于建筑物的荷重，使建筑物地基压实，引起建筑物下沉与变形；也可能由于地基的地质条件变化而引起不均匀沉降与变形；还可能由于季节性或周期性的温度变化而引起变形。

工程建（构）筑物变形测量的量——变形量，主要有沉陷（垂直位移）、水平位移、倾斜、挠度和扭转。根据变形量及观测对象又可将工程建（构）筑物的变形测量分为若干项目：滑坡观测、基坑回弹观测、建（构）筑物沉降观测、建（构）筑物倾斜观测、裂缝观测、日照与风振观测。

对一项具体的变形测量工作，其内容一般是根据观测对象的性质、观测目的等因素决定，一般要求：有明确的针对性；要全面考虑以便能正确反映出建（构）筑物的变形情况，了解其规律，以达到观测目的。

目前大型工程建（构）筑物的变形测量往往是在设计阶段就开始考虑，并做出相应的设计，然后在建（构）筑物施工期间以及整个运行期间都进行定期观测，但有时变形测量是在后期补设标志点来进行观测。

二、 变形测量的观测周期

变形测量周期以能系统反映所测变化过程而又不遗漏其变化时刻为原则，根据单位时间的变形量的大小及外界因素的影响来确定。当观测中发现异常时应加强观测次数。

具体说来，在施工阶段，观测次数与时间间隔视地基加载情况而定，一般在增荷25%、50%、75%、100%时各测一次；运营阶段，观测周期第一年3～4次，第二年2～3次，第三年后每年1次。观测期限一般不少于如下规定：砂土地基2年，膨胀土地基3年，黏土地基5年，软土地基10年。在掌握了一定的规律或变形稳定之后，可减少观测次数，这种根据计划（或荷载增加量）进行的变形测量称为正常情况下的关系观测。当出现异常情况，如基础附近地面荷载突增，四周大量积水，长时间连续降水，突然发生大量沉降、不均匀沉降或严重裂缝时，应缩短周期，加强观测。周期性地对所设置的观测点（或建筑物某部位）进行重复观测，以求得在每个观测周期内的变化量是变形测量的任务。

三、变形的观测精度

建筑物变形测量的级别、精度指标及适用范围见表 7-1。

表 7-1　建筑物变形测量的级别、精度指标及适用范围

变形观测等级	沉降观测观测点测站高差中误差/mm	位移观测观测点测站高差中误差/mm	适应范围
特级	$\leqslant \pm 0.05$	$\leqslant \pm 0.3$	特种精密工程、重要科研项目
一级	$\leqslant \pm 0.15$	$\leqslant \pm 1.0$	大型建筑物、科研项目
二级	$\leqslant \pm 0.50$	$\leqslant \pm 3.0$	中等精度要求建筑物、科研项目、重要建筑物主体倾斜观测、场地滑坡观测
三级	$\leqslant \pm 1.50$	$\leqslant \pm 10.0$	低精度建筑物、一般建筑物主体倾斜观测、场地滑坡观测

四、变形观测的基本规定

需要进行变形测量的建筑包括：地基基础设计等级为甲级的建筑、复合地基或软弱地基上的设计等级为乙级的建筑、加层或扩建建筑、受邻近深基坑开挖施工影响或受场地地下水等环境因素变化影响的建筑、需要积累经验或进行设计反分析的建筑等。

1. 建筑变形测量精度级别的确定

确定建筑变形测量精度级别应符合下列规定。

只给定单一变形允许值时，应按所估算的观测点精度选择相应的精度级别。给定多个同类型变形允许值时，应分别估算观测点精度，根据其中最高精度选择相应的精度级别。平面控制网技术要求见表 7-2。当估算出的观测点精度低于表 7-2 中三级精度的要求时，应采用三级精度。其他建筑变形测量工程，也可根据该表的要求选取。

表 7-2　平面控制网技术要求

级别	平均边长/m	角度中误差/($''$)	边长中误差/mm	最弱边边长相对中误差
一级	200	± 1.0	± 1.0	1:200000
二级	300	± 1.5	± 3.0	1:10000
三级	500	± 2.5	± 10.0	1:50000

当需要采用特级精度时，应对作业过程和方法作出专门的设计与实施论证。

2. 沉降观测点测站高差中误差的估算

应按照设计的沉降观测网，计算网中最弱观测点高程的协因数 Q_H，待求观测点间高差的协因数 Q_h。

单位权中误差即观测点测站高差中误差 μ，应按下式估算：

$$\mu = m_s / \sqrt{2Q_H}$$
$$\mu = m_{\Delta s} / \sqrt{2Q_H}$$

式中　m_s——沉降量 s 的测定中误差，mm；

　　　$m_{\Delta s}$——沉降差 Δs 的测定中误差，mm。

上述公式中的 m_s 和 $m_{\Delta s}$，应按下列规定确定。

① 沉降量、平均沉降量等绝对沉降的测定中误差 m_s，对于特高精度要求的工程可按地基条件，结合经验具体分析确定；对于其他精度要求的工程，可按低、中、高压缩性地基土或微风化、中风化、强风化地基岩石的类别及建筑对沉降的敏感程度的大小分别选 $\pm 0.5\text{mm}$、$\pm 1.0\text{mm}$、$\pm 2.5\text{mm}$。

② 基坑回弹、地基土分层沉降等局部地基沉降以及膨胀土地基沉降等的测定中误差 m_s，不应超过其变形允许值的 $1/20$。

③ 平置构件挠度等变形的测定中误差，不应超过变形允许值的 $1/6$。

④ 沉降差、基础倾斜、局部倾斜等相对沉降的测定中误差，不应超过其变形允许值的 $1/20$。

⑤ 对于具有科研及特殊目的的沉降量或沉降差的测定中误差，可根据要求将上述各项中误差乘以系数 $1/5 \sim 1/2$ 后采用。

3. 估算位移观测点坐标中误差

位移观测点坐标中误差，应按下列规定进行估算。

应按照设计的位移观测网，计算网中最弱观测点坐标的协因数 Q_x、待求观测点间坐标差的协因数 $Q_{\Delta x}$。

单位权中误差即观测点坐标中误差 μ，应按下式估算：

$$\mu = m_d / \sqrt{2Q_x}$$
$$\mu = m_{\Delta d} / \sqrt{2Q_{\Delta x}}$$

式中　m_d——位移分量 d 的测定中误差，mm；

$m_{\Delta d}$——位移分量差 Δd 的测定中误差，mm。

式中的 m_d 和 $m_{\Delta d}$ 应按下列规定确定。

① 对建筑基础水平位移、滑坡位移等绝对位移时，可按规定选取精度级别。

② 受基础施工影响的位移、挡土设施位移等局部地基位移的测定中误差，不应超过其变形允许值分量的 $1/20$。变形允许值分量应按变形允许值的 $1/\sqrt{2}$ 采用。

③ 建筑的顶部水平位移、工程设施的整体垂直挠曲、全高垂直度偏差、工程设施水平轴线偏差等建筑整体变形的测定中误差，不应超过其变形允许值分量的 $1/10$。

④ 高层建筑层间相对位移、竖直构件的挠度、垂直偏差等结构段变形的测定中误差，不应超过其变形允许值分量的 $1/6$。

⑤ 基础的位移差、转动挠曲等相对位移的测定中误差，不应超过其变形允许值分量的 $1/20$。

⑥ 对于科研及特殊目的的变形量测定中误差，可根据需要将上述各项中误差乘以系数后采用。

建筑变形观测过程中，当变形量或变形速率出现异常变化、变形量达到或超出预警值、开挖面出现塌陷或滑坡、建筑本身或周边建筑及地表异常、自然灾害引起的其他变形异常情况发生时，必须立即报告委托方，及时增加观测次数或调整变形测量方案。

第二节　变形控制测量

一、　基准点的设置

建筑变形测量基准点和工作基点的设置原则包括：建筑沉降观测应设置高程基准点、建筑位移和特殊变形观测应设置平面基准点、当基准点离所测建筑距离较远宜设置工作基点。

变形测量的基准点应设置在变形区域以外、位置稳定、易于长期保存的地方，并应定期复测。复测周期应视基准点所在位置的稳定情况确定，在建筑施工过程中应1~2个月复测一次，点位稳定后宜每季度或每半年复测一次。当观测点变形测量成果出现异常，或当测区受到地震、洪水、爆破等外界因素影响时，应及时进行复测。

变形控制测量

扫码观看本视频

变形测量基准点的标石、标志埋设后，应待其达到稳定后方可开始观测。稳定期应根据观测要求与地质条件确定，且不应少于15d。

当有工作基点时，每期变形观测时均应将其与基准点进行联测，然后在对观测点进行观测。

变形控制测量的精度级别应不低于沉降或位移观测的精度级别。

二、　高程基准点的选择

1. 高程基准点和工作基点位置的选择

高程基准点和工作基点位置，应避开交通干道主路、地下管线、仓库堆栈、水源地、河岸、松软填土、滑坡地段、机器振动区以及其他可能使标石、标志易遭腐蚀和破坏的地方。高程基准点应选设在变形影响范围以外且稳定、易于长期保存的地方。在建筑区内，其点位与邻近建筑的距离应大于建筑基础最大宽度的2倍，其标石埋深应大于邻近建筑基础的深度。高程基准点也可选择在基础深且稳定的建筑上；高程基准点、工作基点之间，应便于进行水准测量。当使用电磁波测距三角高程测量方法进行观测时，应使各点周围的地形条件一致。当使用静力水准测量方法进行沉降观测时，用于联测观测点的工作基点宜与沉降观测点设在同一高程面上，偏差不应超过±1cm。当不能满足这一要求时，应设置上、下高程不同，但位置垂直对应的辅助点传递高程。

2. 高程基准点和工作基点标志的选型和埋设要求

高程基准点的标石应埋设在基岩层或原状土层中，可根据点位所在处的不同地质条件，选择埋基岩水准基点标石、深埋双金属管水准基点标石、深埋钢管水准基点标石、混凝土基本水准标石。在基岩壁或稳固的建筑上也可埋设墙上水准标志；高程工作基点的标石可按点位不同的要求，选用浅埋钢管水准标石、混凝土普通水准标石或墙上水准标志等；特殊土地区和有特殊要求的标石、标志规格及埋设，应另行设计。

三、　平面基准点的选择

1. 平面基准点和工作基点的布设要求

各级别位移观测的基准点（含方位定向点）不应少于3个，工作基点可根据需要设置。

基准点、工作基点应便于检核校验。当使用 GPS 测量方法进行平面或三维控制测量时，基准点位置还应满足：便于安置接收设备和操作；视场内障碍物的高度角不宜超过 15°；离电视台、电台、微波站等大功率无线电发射源的距离不应小于 200m；离高压输电线和微波无线电信号传输通道的距离不应小于 50m；附近不应有强烈反射卫星信号的大面积水域、大型建筑以及热源等；通视条件好，应方便采用常规测量手段进行联测。

2. 平面基准点和工作基点标志的形式和埋设要求

对特级、一级位移观测的平面基准点、工作基点，应建造具有强制对中装置的观测墩或埋设专门观测标石，强制对中装置的对中误差不应超过 ±0.1mm。照准标志应具有明显的几何中心或轴线，并应符合图像反差大、图案对称、相位差小和不变形等要求。根据点位的不同情况，可选用重力平衡球式标、旋入式杆状标、直插式觇牌、屋顶标和墙上标等形式的标志。对用作平面基准点的深埋式标志、兼作高程基准的标石和标志及特殊土地区或有特殊要求的标石、标志及其埋设，应另行设计。

3. 精度要求

平面基准点的精确要求如图 7-1 所示。

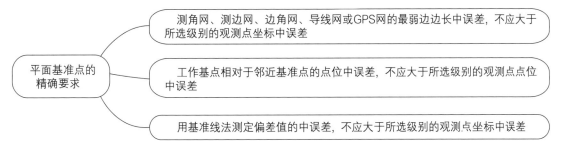

图 7-1　平面基准点的精确要求

四、 水准观测的要求

1. 水准测量进行高程控制或沉降观测要求

① 各等级水准测量使用的仪器型号和标尺类型见表 7-3。

表 7-3　各等级水准测量使用的仪器型号和标尺类型

级别	使用的仪器型号			标尺类型		
	DS_{05}、DSZ_{05} 型	DS_1、DSZ_1 型	DS_3、DSZ_3 型	钢瓦尺	条码尺	区格式木质标尺
特级	√	×	×	√	√	×
一级	√	×	×	√	√	×
二级	√	√	×	√	√	×
三级	√	√	√	√	√	√

注：表中"√"表示允许使用；"×"表示不允许使用。

② 使用光学水准仪和数字水准仪进行水准测量作业的基本方法应符合现行国家标准《国家一、二等水准测量规范》(GB/T 12897—2006) 和《国家三、四等水准测量规范》(GB/T 12898—2009)中的相关规定。

③ 一、二、三级水准测量的观测方式见表 7-4。

表 7-4 一、二、三级水准测量的观测方式

级别	高程控制测量、工作基点 联测及首次沉降观测			其他各次沉降观测		
	DS_{05}、 DSZ_{05} 型	DS_1、 DSZ_1 型	DS_3、 DSZ_3 型	DS_{05}、 DSZ_{05} 型	DS_1、 DSZ_1 型	DS_3、 DSZ_3 型
一级	往返测	—	—	往返测或 单程双测站	—	—
二级	往返测或 单程双测站	往返测或 单程双测站	—	单程观测	单程双测站	—
三级	单程双测站	单程双测站	往返测或 单程双测站	单程观测	单程观测	单程双测站

④ 特级水准观测的观测次数 r 可根据所选精度和使用的仪器类型，按下式估算，并做调整后确定：

$$r=(m_o/m_h)^2$$

式中 m_h——测站高差中误差；

m_o——水准仪单程观测每测站高差中误差估值，mm。

对 DS_{05} 型和 DSZ_{05} 型仪器，m_o 可按下式计算：

$$m_o=0.025+0.0029S$$

式中 S——最长视线长度，m。

对按上式估算的结果，应按下列规定执行。

a. 当 $1<r\leqslant2$ 时，应采用往返观测或单程双测站观测。

b. 当 $2<r<4$ 时，应采用两次往返观测或正反向各按单程双测站观测。

c. 当 $r\leqslant1$ 时，对高程控制网的首次观测、复测、各周期观测中的工作基点稳定性检测及首次沉降观测应进行往返或单程双测站观测。从第二次沉降观测开始，可进行单程观测。

2. 水准观测技术要求

① 水准观测的视线长度、前后视距差和视线高度见表 7-5。

表 7-5 水准观测的视线长度、前后视距差和视线高度 单位：mm

级别	视线长度	前后视距差	前后视距差累积	视线高度
特级	≤10	≤0.3	≤0.5	≥0.8
一级	≤30	≤0.7	≤1.0	≥0.5
二级	≤50	≤2.0	≤3.0	≥0.3
三级	≤75	≤5.0	≤8.0	≥0.2

注：1. 表中的视线高度为下丝读数。

2. 当采用数字水准仪观测时，最短视线长度不宜小于 3m，最低水平视线高度不应低于 0.6m。

② 水准观测的限差见表 7-6。

表 7-6 水准观测的限差 单位：mm

级别		基辅分划 读数之差	基辅分划所 测高差之差	往返较差及附合 或环线闭合差	单程双测站所 测高差较差	检测已测测 段高差之差
特级		0.15	0.2	$\leqslant0.1\sqrt{n}$	$\leqslant0.07\sqrt{n}$	$\leqslant0.15\sqrt{n}$
一级		0.3	0.5	$\leqslant0.3\sqrt{n}$	$\leqslant0.2\sqrt{n}$	$\leqslant0.45\sqrt{n}$
二级		0.5	0.7	$\leqslant1.0\sqrt{n}$	$\leqslant0.7\sqrt{n}$	$\leqslant1.5\sqrt{n}$
三级	光学 测微法	1.0	1.5	$\leqslant3.0\sqrt{n}$	$\leqslant2.0\sqrt{n}$	$\leqslant4.5\sqrt{n}$
	中丝 读数法	2.0	3.0			

注：1. 当采用数字水准仪观测时，对同一尺面的两次读数差不设限差，两次读数所测高差之差的限差并执行基辅分划所测高差之差的限差。

2. 表中 n 为测站数。

3. 水准仪水准标尺检验后的要求

对用于特级水准观测的仪器，i 角不得大于 $10''$；对用于一、二级水准观测的仪器，i 角不得大于 $15''$；对用于三级水准观测的仪器，i 角不得大于 $20''$。补偿式自动安平水准仪的补偿误差绝对值不得大于 $0.2''$。水准标尺分划线的分米分划线误差和米分划间隔真长与名义长度之差，对线条式铟瓦合金标尺不应大于 $0.1mm$，对区格式木质标尺不应大于 $0.5mm$。

4. 水准观测作业的要求

水准观测作业的要求如图 7-2 所示。

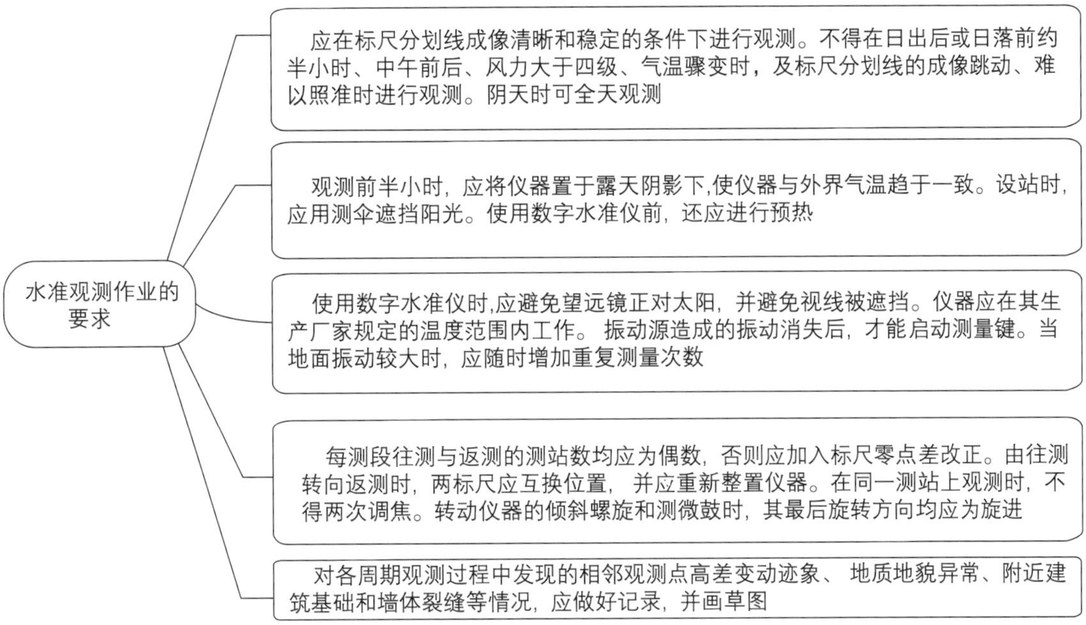

水准观测作业的要求

- 应在标尺分划线成像清晰和稳定的条件下进行观测。不得在日出后或日落前约半小时、中午前后、风力大于四级、气温骤变时，及标尺分划线的成像跳动、难以照准时进行观测。阴天时可全天观测
- 观测前半小时，应将仪器置于露天阴影下，使仪器与外界气温趋于一致。设站时，应用测伞遮挡阳光。使用数字水准仪前，还应进行预热
- 使用数字水准仪时，应避免望远镜正对太阳，并避免视线被遮挡。仪器应在其生产厂家规定的温度范围内工作。振动源造成的振动消失后，才能启动测量键。当地面振动较大时，应随时增加重复测量次数
- 每测段往测与返测的测站数均应为偶数，否则应加入标尺零点差改正。由往测转向返测时，两标尺应互换位置，并应重新整置仪器。在同一测站上观测时，不得两次调焦。转动仪器的倾斜螺旋和测微鼓时，其最后旋转方向均应为旋进
- 对各周期观测过程中发现的相邻观测点高差变动迹象、地质地貌异常、附近建筑基础和墙体裂缝等情况，应做好记录，并画草图

图 7-2　水准观测作业的要求

5. 静力水准测量作业要求和技术要求

静力水准测量作业要求和技术要求如图 7-3 所示。

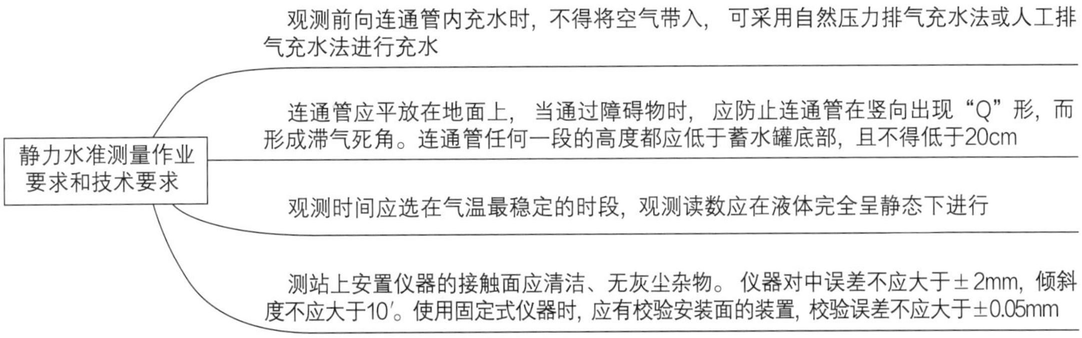

静力水准测量作业要求和技术要求

- 观测前向连通管内充水时，不得将空气带入，可采用自然压力排气充水法或人工排气充水法进行充水
- 连通管应平放在地面上，当通过障碍物时，应防止连通管在竖向出现"Ω"形，而形成滞气死角。连通管任何一段的高度都应低于蓄水罐底部，且不得低于20cm
- 观测时间应选在气温最稳定的时段，观测读数应在液体完全呈静态下进行
- 测站上安置仪器的接触面应清洁、无灰尘杂物。仪器对中误差不应大于 $\pm2mm$，倾斜度不应大于 $10'$。使用固定式仪器时，应有校验安装面的装置，校验误差不应大于 $\pm0.05mm$

图 7-3　静力水准测量作业要求和技术要求

五、 GPS 测量的要求

1. GPS 测量的基本技术要求

GPS 测量的基本技术要求见表 7-7。

表 7-7 GPS 测量的基本技术要求

级别		一级	二级	三级
卫星截止高度角/(°)		≥15	≥15	≥15
有效观测卫星数		≥6	≥5	≥4
观测时段长度/min	静态	30~90	20~60	15~45
	快速静态	—	—	≥15
数据采样间隔/s	静态	10~30	10~30	10~30
	快速静态	—	—	5~15
PDOP		≤5	≤6	≤6

2. GPS 观测作业的基本要求

GPS 观测作业的基本要求如图 7-4 所示。

六、 电磁波测距三角高程测量的要求

① 对水准测量确有困难的二、三级高程控制测量，可采用电磁波测距三角高程测量，并按规定使用专用觇牌和配件。对更高精度或特殊的高程控制测量确需采用三角高程测量时，应进行详细设计和论证。

② 电磁波测距三角高程测量的视线长度不宜大于 300m，且不得超过 500m，视线垂直角不得超过 10°。视线高度和离开障碍物的距离不得小于 1.3m。

③ 电磁波测距三角高程测量应优先采用中间设站观测方式，也可采用每点设站、往返观测方式。当采用中间设站观测方式时，每站的前后视线长度之差，二级高程控制测量不得超过 15m，三级高程控制测量不得超过视线长度的 1/10；前后视距差累积，二级高程控制测量不得超过 30m，三级高程控制测量不得超过 100m。

④ 电磁波测距三角高程测量施测的主要技术要求应符合下列规定。

a. 三角高程测量边长的测定，当采取中间设站观测方式时，前、后视各观测 2 测回。

b. 垂直角观测的测回数与限差见表 7-8。垂直角观测应采用觇牌为照准目标。按表 7-8 的要求采用中丝双照准法观测。当采用中间设站测方式分两组观测时，垂直角观测的顺序宜按以下顺序。

第一组：后视—前视—前视—后视（照准上目标）；

第二组：前视—后视—后视—前视（照准上目标）。

表 7-8 垂直角观测的测回数与限差

级别	二级		三级	
仪器类型	DJ05	DJ1	DJ1	DJ2
测回数	4	6	4	6
两次照准目标读数差/(″)	1.5	4	4	6
垂直角测回差/(″)	2	5	5	7
指标差较差/(″)	3			

每次照准后视或前视时，一次正倒镜完成该分组测回数的 1/2。中间设站观测方式的垂直角总测回数应等于每点设站、往返观测方式的垂直角总测回数。

c. 垂直角观测宜在日出后 2h 至日落前 2h 的时间内目标成像清晰稳定时进行。阴天和

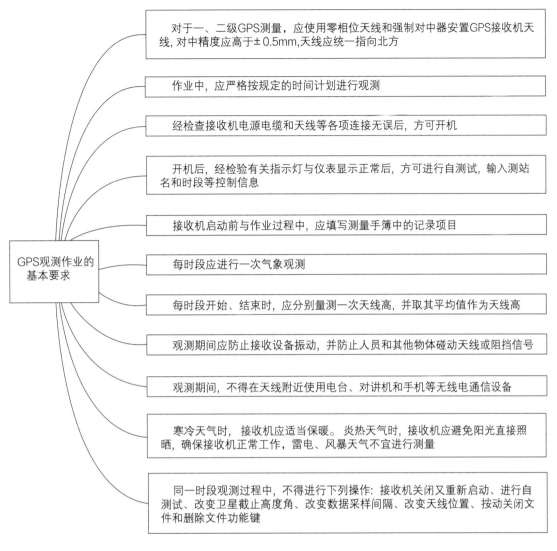

图 7-4　GPS 观测作业的基本要求

多云天气时可全天观测。

　　d. 仪器高、觇标高应在观测前后用经过检验的量杆或钢尺各量测一次，精确读至 0.5mm。当较差不大于 1mm 时取用中数。采用中间设站观测方式时可不量测仪器高。

　　e. 测定长和垂直角时，当测距仪光轴和经纬仪照准轴不共轴，或在不同觇牌高度上分两组观测垂直角时，必须进行边长和垂直角计算后，方可计算和比较两组高差。

　　⑤ 电磁波测距三角高程测量高差的计算及其限差，应符合下列规定。

　　a. 每点设站、往返观测时，单向观测高差应按下式计算：

$$h = D_{\tan\alpha_v} + \frac{1-K}{2R} D^2 + I - v$$

式中　h——三角高程测量边两端点的高差，m；

　　　　D——三角高程测量边的水平距离，m；

　　　　α_v——垂直角；

　　　　K——大气垂直折光系数；

R——地球平均曲率半径，m；

I——仪器高，m；

v——觇牌高，m。

b. 中间设站观测时，应按下式计算高差：

$$h_{12} = (D_2 \tan\alpha_2 - D_1 \tan\alpha_1) + \left(\frac{D_2^2 - D_1^2}{2R}\right) - \left(\frac{D_2^2}{2R}K_2 - \frac{D_1^2}{2R}K_1\right) - (v_2 - v_1)$$

式中　h_{12}——后视点与前视点之间的高差，m；

α_1、α_2——后视、前视垂直角；

D_1、D_2——后视、前视水平距离，m；

K_1、K_2——后视、前视大气垂直折光系数；

R——地球平均曲率半径，m；

v_1、v_2——后视、前视觇牌高，m。

c. 电磁波测距三角高程测量观测的限差见表7-9。

表 7-9　三角高程测量观测的限差

级别	附合线路或环线闭合差	检测已测边高差之差
二级	≤±$4\sqrt{L}$	≤±$6\sqrt{D}$
三级	≤±$12\sqrt{L}$	≤±$18\sqrt{D}$

注：D 为测距边边长，km；L 为附合路线或环线长度，km。

七、 水平角观测的要求

1. 各级水平角观测的技术要求

① 水平角观测宜采用方向观测法，当方向数不多于 3 个时，可不归零；特级、一级网点亦可采用全组合测角法。导线测量中，当导线点上只有两个方向时，应按左、右角观测；当导线点上多于两个方向时，应按方向法观测。

② 各级水平角观测的测回数见表7-10。

表 7-10　各级水平角观测的测回数

级别	一级	二级	三级
DJ_{05}	6	4	2
DJ_1	9	6	3
DJ_2	—	9	6

③ 对特级水平角观测及当有可靠的光学经纬仪、电子经纬仪或全站仪精度实测数据时，可按下式估算测回数：

$$n = \frac{1}{\left(\dfrac{m_\beta}{m_\alpha}\right)^2 - \lambda^2}$$

式中　n——测回数，对全组合测角法取方向数 nm 之 1/2 为测回数（此处 m 为测站上的方向数）；

m_β——按闭合差计算的测角中误差，(″)；

m_α——各测站平差后一测回方向中误差的平均值，(″)，该值可根据仪器类型、读数和照准设备、外界条件以及操作的严格与熟练程度，在下列数值范围内选取：DJ_{05}型仪器0.4″～0.5″；DJ_1 型仪器 0.8″～1.0″；DJ_2 型仪器 1.4″～1.8″；

λ——系统误差影响系数，宜为 0.5～0.9。

按上式估算结果凑整取值时，对方向观测法与全组合测角法，应考虑光学经纬仪、电子经纬仪和全站仪观测度盘位置编制的要求；对动态式测角系统的电子经纬仪和全站仪，不需进行度盘配置；对导线观测应取偶数。当估算结果 n 小于 2 时，应取 n 等于 2。

2. 各级别水平角观测的限差应符合的要求

① 方向观测法观测的限差见表 7-11。

表 7-11　方向观测法观测的限差　　　　　　　　单位：（″）

仪器类型	两次照准目标读数差	半测回归零差	一测回内 2C 互差	同一方向值各测回互差
DJ$_{05}$	2	3	5	3
DJ$_1$	4	5	9	5
DJ$_2$	6	8	13	8

注：当照准方向的垂直角超过±3°时，该方向的 2C 互差可按同一观测时间段内相邻测回进行比较，其差值仍按表中规定。

② 全组合测角法观测的限差见表 7-12。

表 7-12　全组合测角法观测的限差

仪器类型	两次照准目标读数差	上下半测回角值互差	同一角度各测回角值互差
DJ$_{05}$	2	3	3
DJ$_1$	4	6	5
DJ$_2$	6	10	8

③ 测角网的三角形最大闭合差，不应大于 $2\sqrt{3}\,m_\beta$；导线测量每测站左、右角闭合差，不应大于 $2m_\beta$；导线的方位角闭合差，不应大于 $2\sqrt{n}\,m_\beta$（n 为测站数）。

3. 各级水平角观测作业应符合的要求

各级水平角观测作业应符合的要求如图 7-5 所示。

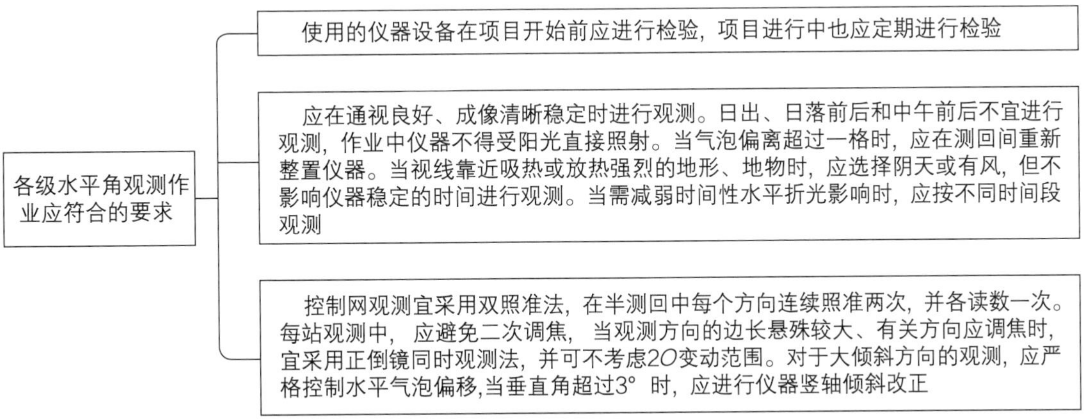

图 7-5　各级水平角观测作业应符合的要求

4. 当观测成果超出限差时应遵循的规定

当观测成果超出限差时，应按下列规定进行重测，如图 7-6 所示。

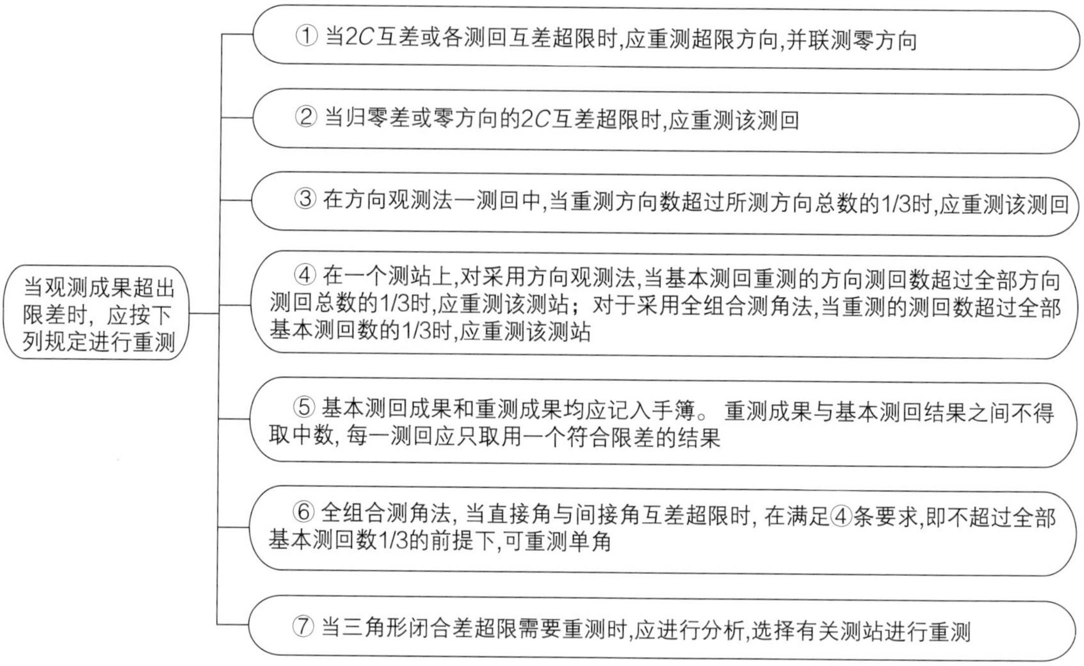

图 7-6　观测成果超出限差应遵循的规定

八、距离测量的要求

① 电磁波测距仪测距的技术要求见表 7-13。除特级和其他有特殊要求的边长须专门设计外，对一、二、三级位移观测应符合表 7-13 的要求，并应按下列规定执行。

a. 往返测或不同时间段观测值较差，应将斜距换算到同一水平面上，方可进行比较。

b. 测距时应使用经检定合格的温度计和气压计。

c. 气象数据应在每边观测始末时在两端进行测定，取其平均值。

d. 测距边两端点的高差，对一、二级边可采用三级水准测量方法测定；对三级边可采用三角高程测量方法测定，并应考虑大气折光和地球曲率对垂直角观测值的影响。

e. 测距边归算到水平距离时，应在观测的斜距中加入气象改正和加常数、乘常数、周期误差改正后，换算至测距仪与反光镜的平均高程面上。

表 7-13　电磁波测距仪测距的技术要求

级别	仪器精度等级/mm	每边测回数		一测回读数间较差限值/mm	单程测回间较差限值/mm	气象数据测定的最小读数		往返或时段间较差限值
		往	返			温度/℃	气压/mmHg	
一级	≤1	4	4	1	1.4	0.1	0.1	$\sqrt{2}(a+bD\times10^{-6})$
二级	≤3	4	4	3	5.0	0.2	0.5	
三级	≤5	2	2	5	7.0	0.2	0.5	
	≤10	4	4	10	15.0	0.2	0.5	

注　1. 仪器精度等级系根据仪器标称精度 $(a+bD\times10^{-6})$，以相应级别的平均边长 D 代入计算的测距中误差划分。

2. 一测回是指照准目标一次、读数 4 次的过程。

3. 时段是指测边的时间段，如上午、下午和不同的白天。要采用不同时段观测代替往返观测。

② 电磁波测距作业应符合如图 7-7 所示要求。

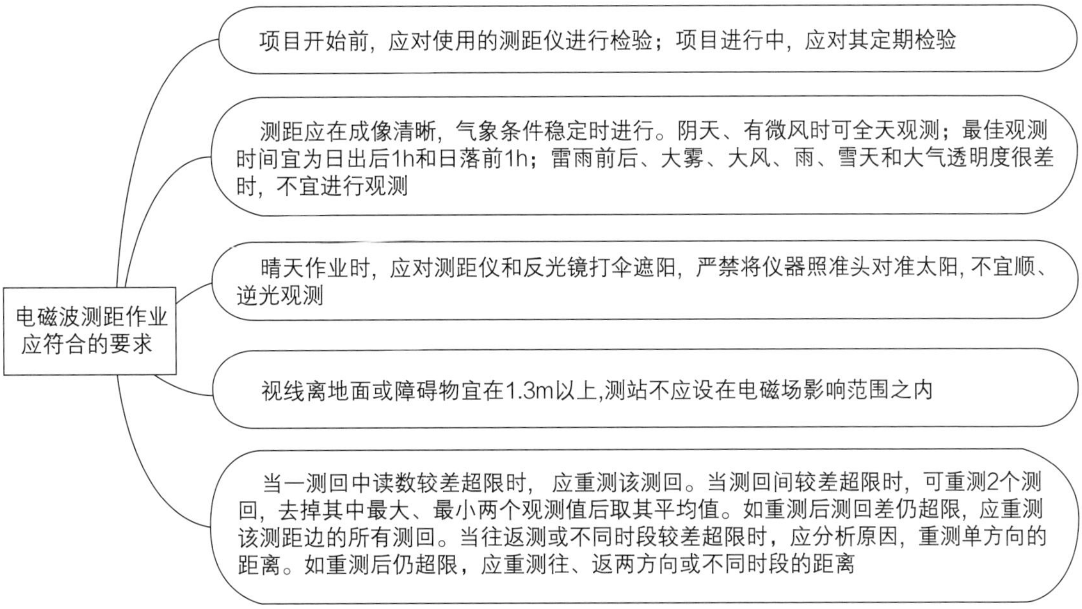

图 7-7　电磁波测距作业应符合的要求

③ 铟瓦尺和钢尺丈量距离的技术要求见表 7-14。

表 7-14　铟瓦尺及钢尺丈量距离的技术要求

级别	尺子类型	尺数	丈量总次数	定线量大偏差/mm	尺段高差较差/mm	读数次数	最小估读值/mm	最小温度读数/℃	同尺各次或同段各尺的较差/mm	经各项改正后的各次或各尺全长较差/mm
一级	铟瓦尺	2	4	20	3	3	0.1	0.5	0.3	$2.5\sqrt{D}$
二级	铟瓦尺	1\2	4\2	30	5	3	0.1	0.5	0.5	$3.0\sqrt{D}$
	钢尺	2	8	50	5	3	0.5	0.5	1.0	
三级	钢尺	2	6	50	5	3	0.5	0.5	2.0	$5.0\sqrt{D}$

注　1. 表中 D 是以 100m 为单位计的长度；

2. 表列规定所适应的边长丈量相对中误差：一级为 1/200000，二级为 1/100000，三级为 1/50000。

除特级和其他有特殊要求的边长需专门设计外，对一、二、三级位移观测的边长丈量，应符合表 7-14 的要求，并应按下列规定执行。

a. 铟瓦尺、钢尺在使用前应按规定进行检定，并在有效期内使用。

b. 各级边长测量应采用往返悬空丈量方法。使用的重锤、弹簧秤和温度计，均应进行检定。丈量时，引张拉力值应与检定时相同。

c. 当下雨、尺子横向有二级以上风或作业时的温度超过尺子膨胀系数检定时的温度范围时，不应进行丈量。

d. 尺的起算边或基线宜选成尺长的整倍数。用零尺段时，应改变拉力或进行拉力改正。

e. 量距时，应在尺子的附近测定温度。

f. 安置轴杆架或引张架时应使用经纬仪定线。尺段高差可采用水准仪中丝法往返测或单程双测站观测。

g. 丈量结果应加入尺长、温度、倾斜改正，铟瓦尺还应加入悬链线不对称、分划尺倾斜等改正。

相关知识点 ▶▶

在一般情况下，可利用工程施工时使用的水准点作为沉降观测的水准基点。

第三节 沉降观测

为了掌握建筑物的沉降情况，及时发现对建筑物不利的下沉现象，以便采取措施，保证建筑物安全使用，同时也为今后合理地设计提供资料，在建筑安装过程中和投入生产后，连续地进行沉降观测，是一项非常重要的工作。

建筑物沉降观测的主要内容如图7-8所示。

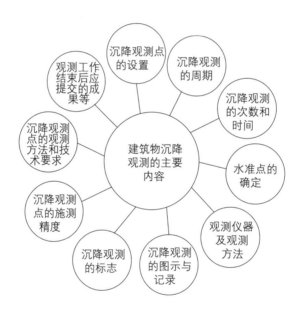

图 7-8 建筑物沉降观测的主要内容

一、建筑物沉降观测

沉降观测

扫码观看本视频

1. 沉降观测点的设置

施工单位在施工过程中，必须按规范和设计要求认真操作，严格把关。沉降观测点的布置应以能全面反映建筑物地基变形特征并结合地质情况及建筑结构特点确定。点位宜选设在如图7-9所示位置。

2. 沉降观测的标志

可根据不同的建筑结构类型和建筑材料，采用墙（柱）标志、基础标志和隐蔽式标志

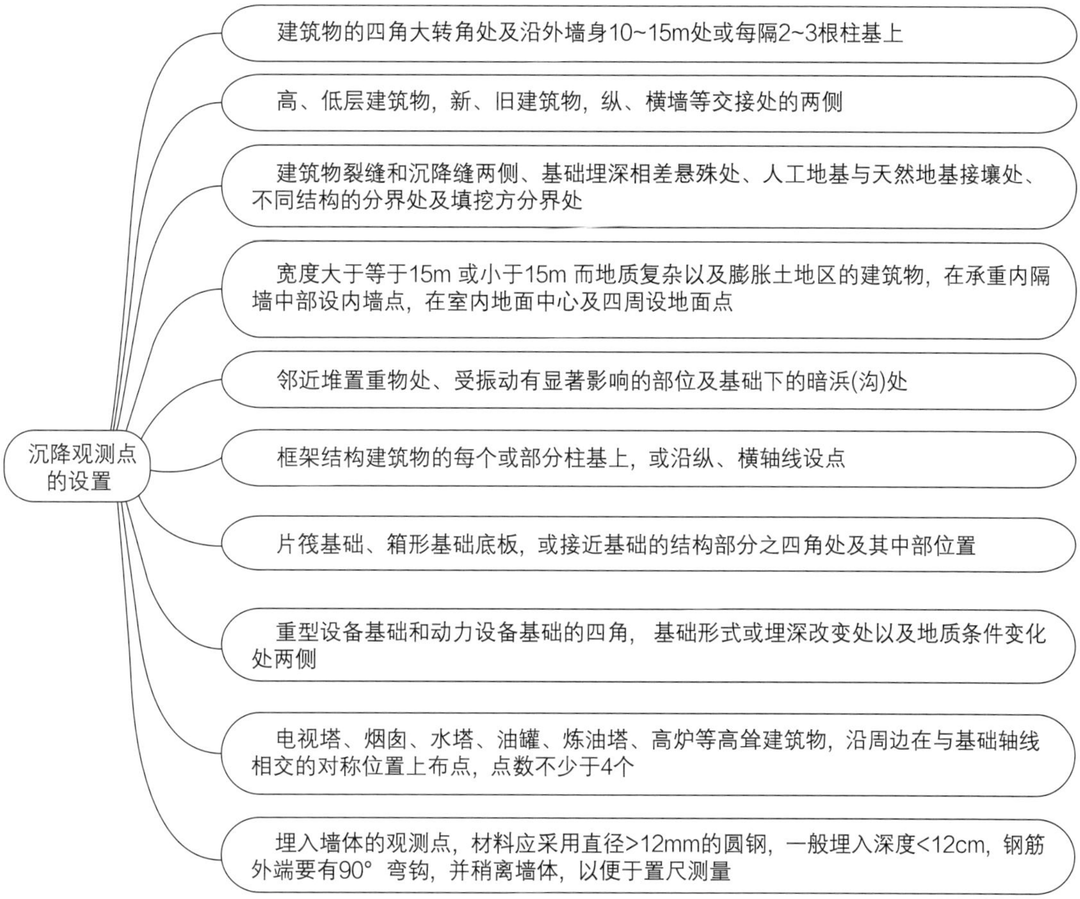

沉降观测点
的设置

- 建筑物的四角大转角处及沿外墙身10~15m处或每隔2~3根柱基上

- 高、低层建筑物，新、旧建筑物，纵、横墙等交接处的两侧

- 建筑物裂缝和沉降缝两侧、基础埋深相差悬殊处、人工地基与天然地基接壤处、不同结构的分界处及填挖方分界处

- 宽度大于等于15m或小于15m而地质复杂以及膨胀土地区的建筑物，在承重内隔墙中部设内墙点，在室内地面中心及四周设地面点

- 邻近堆置重物处、受振动有显著影响的部位及基础下的暗浜(沟)处

- 框架结构建筑物的每个或部分柱基上，或沿纵、横轴线设点

- 片筏基础、箱形基础底板，或接近基础的结构部分之四角处及其中部位置

- 重型设备基础和动力设备基础的四角，基础形式或埋深改变处以及地质条件变化处两侧

- 电视塔、烟囱、水塔、油罐、炼油塔、高炉等高耸建筑物，沿周边在与基础轴线相交的对称位置上布点，点数不少于4个

- 埋入墙体的观测点，材料应采用直径>12mm的圆钢，一般埋入深度<12cm，钢筋外端要有90°弯钩，并稍离墙体，以便于置尺测量

图 7-9　沉降观测点的设置

（用于宾馆等高级建筑物）等形式。各类标志的立尺部位应加工成半球形或有明显的凸出点，并涂上防腐剂。标志的埋设位置应避开如雨水管、窗台线、暖气片、暖水管、电气开关等有碍设标和观测的障碍物，并应视立尺需要离开墙柱面和地面一定距离。隐蔽式沉降观测点标志的埋设规格如图 7-10～图 7-12 所示。

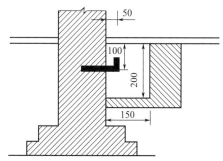

图 7-10　窨式标志（适用于建筑物内部埋设）

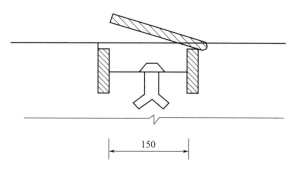

图 7-11　盒式标志（适用于设备基础上埋设）

3. 沉降观测点的施测精度

沉降观测点的施测精度应符合高程测量精度等级有关规定，未包括在水准线路上的观测

点，应以所选定的测站高差中误差作为精度要求施测。

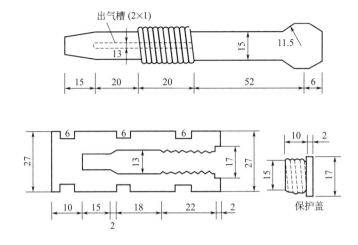

图 7-12　螺栓式标志（适用于墙体上埋设）

4. 沉降观测点观测的技术要求

沉降观测点的观测除应符合一般水准测量的技术要求外，还应符合如图 7-13 所示要求。

沉降观测点观测还应符合的要求

- 对二、三级观测点，除建筑物转角点、交接点、分界点等主要变形特征点外，可允许使用间视法进行观测，但视线长度不得大于相应等级规定的长度
- 观测时，仪器应避免安置在有空压机、搅拌机、卷扬机等振动影响的范围内，塔式起重机等施工机械附近也不宜设站
- 每次观测应记载施工进度、增加荷载量、仓库进货吨位、建筑物倾斜、裂缝等各种影响沉降变化和异常的情况
- 每周期观测后，应及时对观测资料进行整理，计算观测点的沉降量、沉降差以及本周期平均沉降量和沉降速度

图 7-13　沉降观测点观测还应符合的要求

5. 沉降观测的周期

沉降观测在各个阶段的周期要求如图 7-14 所示。

6. 沉降观测的次数和时间

对工业厂房、公共建筑和 4 层及以上的砖混结构住宅建筑，第一次观测在观测点安设稳固后进行。然后，在第三层观测一次，三层以上时各层观测一次，竣工后观测一次。框架结构的建筑物每二层观测一次，竣工后再观测一次。

7. 观测仪器及观测方法

观测仪器及观测方法如图 7-15 所示。

8. 沉降观测的图示与记录

完成沉降观测工作，要先绘制好沉降观测示意图并对每次沉降观测认真做好记录。

沉降观测的图示与记录要求如图 7-16 所示。

沉降观测在各个阶段的周期要求

建筑物施工阶段的观测：建筑物施工阶段的观测，应随施工进度及时进行。一般建筑可在基础完工后或地下室砌完后开始观测，大型、高层建筑可在基础垫层或基础底部完成后开始观测。观测次数与间隔时间应视地基与加荷情况而定。民用建筑可每加高 1~5 层观测一次；工业建筑可按不同施工阶段(如回填基坑、安装柱子和屋架、砌筑墙体、设备安装等)分别进行观测。如建筑物均匀增高，应至少在增加荷载的25%、50%、75%和100%时各测一次。施工过程中如暂时停工，在停工时及重新开工时应各观测一次，停工期间可每隔 2~3个月观测一次

建筑物使用阶段的观测：建筑物使用阶段的观测次数，应视地基土类型和沉降速度大小而定。除有特殊要求者外，一般情况下，可在第一年观测3~4次，第二年观测2~3次，第三年后每年1次直至稳定为止。观测期限一般不少于如下规定:砂土地基2年，膨胀土地基3年，黏土地基5年，软土地基10年。当建筑物出现下沉、上浮，不均匀沉降比较严重，或裂缝发展迅速时，应每日或数日连续观测

在观测过程中，如有基础附近地面荷载突然增减、基础四周大量积水、长时间连续降雨等情况，均应及时增加观测次数。当建筑物突然发生大量沉降、不均匀沉降或严重裂缝时，应立即进行逐日或2~3d一次的连续观测

建筑物沉降稳定标准：地基变形沉降的稳定标准应由沉降量－时间关系曲线判定。对重点观测和科研观测工程，若最后三个观测周期中每周期沉降量不大于 2 倍测量中误差可认为已进入稳定阶段

图 7-14　沉降观测在各个阶段的周期要求

观测仪器及观测方法

观测沉降的仪器应采用经计量部门检验合格的水准仪和钢水准尺进行

观测时应固定人员，并使用固定的测量仪器和工具

每次观察均需采用环形闭合方法，或往返闭合方法当场进行检查。同一观测点的两次观测值之差不得大于1mm

图 7-15　观测仪器及观测方法

沉降观测的图示与记录要求

沉降观测示意图应画出建筑物的底层平面示意图，注明观测点的位置和编号，注明水准基点的位置、编号和标高及水准点与建筑物的距离，并在图上注明观测点所用材料、埋入墙体深度、离开墙体的距离

沉降观测的记录应采用住房和城乡建设部制定的统一表格。观测的数据必须经过严格核对无误后方可记录，不得任意更改。当各观测点第一次观测时，标高相同时要如实填写，其沉降量为零。以后每次的沉降量为本次标高与前次标高之差，累计沉降量则为各观测点本次标高与第一次标高之差

房屋和构筑物的沉降量、沉降差、倾斜、局部倾斜应不大于地基允许变形值

沉降观测资料应妥善保管，存档备查

图 7-16　沉降观测的图示与记录要求

9. 观测成果的提交

观测工作结束后，应提交如图 7-17 所示成果。

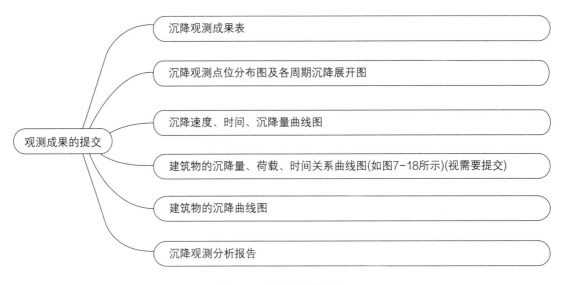

图 7-17　观测成果的提交

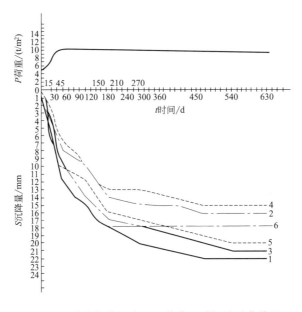

图 7-18　建筑物的沉降量、荷载、时间关系曲线图

二、 布设沉降水准点

1. 水准点的布设

水准点是沉降观测的基准，所以水准点一定要有足够的稳定性。水准点的形式和埋设要求与永久性水准点相同。

在布设水准点时，应满足的要求如图 7-19 所示。

为了对水准点进行互相校核，防止由于水准点的高程产生变化造成差错，水准点的数目应不少于3个，以组成水准网

水准点应埋设在建(构)筑物基础压力影响范围及受振动影响范围以外，且不受施工影响的安全地点

布设水准点应满足的要求

水准点应接近观测点，其距离不应大于100m，以保证沉降观测的精度

离铁路、公路、地下管线和滑坡地带至少5m

为防止冰冻影响，水准点埋设深度至少应在冰冻线以下0.5m

设在墙上的水准点应埋在永久性建筑物上，且离地面的高度约为0.5m

图 7-19 布设水准点应满足的要求

2. 不同类型的水准点及其埋设规格

各类型水准点的埋设规格如图 7-20～图 7-25 所示。

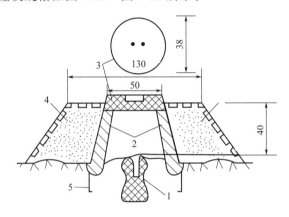

图 7-20 岩层水准基点标石（单位：cm）

1—抗腐蚀的金属标志；2—钢筋混凝土井圈；

3—井盖；4—砌石土丘；5—井圈保护层

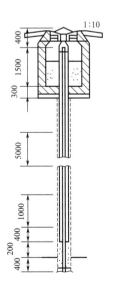

图 7-21 深埋双金属管水准基点标石

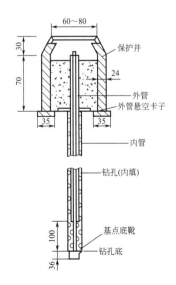

图 7-22 深埋钢管水准基点标石（单位：cm）

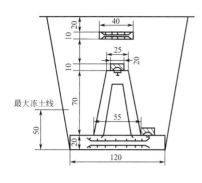

图 7-23 混凝土基本水准标石（单位：cm）

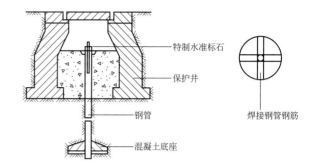

图 7-24 浅埋钢管水准基点标石

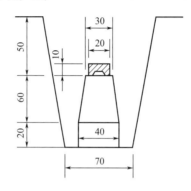

图 7-25 混凝土普通水准基点标石（单位：cm）

三、 沉降观测中常遇到的问题及其处理方法

沉降观测中常遇到的问题及其处理方法如图 7-26 所示。

沉降观测中常遇到的问题及其处理方法

曲线在首次观测后即发生回升现象
在第二次观测时即发现曲线上升，至第三次后，曲线又逐渐下降。发生此种现象，一般都是由于首次观测成果存在较大误差所引起的。此时，应将第一次观测成果作废，而采用第二次观测成果作为首测成果

曲线在中间某点突然回升
发生此种现象的原因，多半是因为水准基点或沉降观测点被碰所致，如水准基点被压低，或沉降观测点被撬高，此时，应仔细检查水准基点和沉降观测点的外形有无损伤。如果众多沉降观测点出现此种现象，则水准基点被压低的可能性很大，此时可改用其他水准点作为水准基点来继续观测，并再埋设新水准点，应保证水准点个数不少于三个；如果只有一个沉降观测点出现此种现象，则多半是该点被撬高，如果观测点被撬后已活动，则需另行埋设新点，若点位尚牢固，则可继续使用，对于该点的沉降计算，则应进行合理处理

曲线自某点起渐渐回升
产生此种现象一般是由于水准基点下沉所致。此时，应根据水准点之间的高差来判断出最稳定的水准点，以此作为新水准基点，将原来下沉的水准基点废除。另外，埋设在裙楼上的沉降观测点，由于受主楼的影响，有可能会出现属于正常的渐渐回升现象

曲线的波浪起伏现象
曲线在后期呈现微小波浪起伏现象，其原因是测量误差所造成的。曲线在前期波浪起伏之所以不突出，是因为下沉量大于测量误差之故；但到后期，由于建筑物下沉极微小或已接近稳定，因此在曲线上就出现测量误差比较突出的现象。此时，可将波浪曲线改成水平线，并适当地延长观测的间隔时间

图 7-26 沉降观测中常遇到的问题及其处理方法

> **相关知识点** ▶▶
>
> 　　沉降观测常采用的方法是水准测量。中、小型厂房和土工建筑物采用普通水准测量进行沉降观测；高大重要的混凝土建筑物采用精密水准测量的方法（要求其沉降观测的中误差不大于1mm，常采用一、二等水准测量）。

第四节　倾斜观测

　　建筑物的倾斜变形，通常是由于建筑物各部分不均匀沉降导致。尤其是对于各种高层建筑、超高层建筑等复杂的建筑物，一些建筑物在施工过程中，便开始出现倾斜变形，需要及时观测后对观测结果进行分析，并根据分析结果进行相应处理。

　　建筑物产生倾斜的原因主要有：地基承载力不均匀；建筑物对地面施力不均匀，形成不同荷载；施工未达到设计要求，承载力不够；受外力作用结果等。

　　对于倾斜度的观测，通常使用水准仪、经纬仪或其他专用仪器进行测量。而对于不同的建筑物，通常使用的观测方法也不同，观测的方法包括一般投点法（针对一般建筑物和锥形建筑物的倾斜观测）、倾斜仪观测法和激光铅垂仪法。根据建筑物结构的不同又分为建筑物主体倾斜观测和基础倾斜观测。

一、　一般投点法

倾斜观测

扫码观看本视频

1. 一般建筑物的倾斜观测

　　对需要进行倾斜观测的一般建筑物，要在几个侧面观测。如图7-27所示，在距离墙面大于墙高的地方选一点 A 安置经纬仪，瞄准墙顶一点 M，向下投影得一点 M_1，并作标志。过一段时间，再用经纬仪瞄准同一点 M，向下投影得 M_2 点。若建筑物沿侧面方向发生倾斜，M 点已移位，则 M_1 点与 M_2 点不重合，于是量得水平偏移量 a。同时，在另一侧面也可测得偏移量 b，以 H 代表建筑物的高度，则建筑物的倾斜度 i 为

$$i = \sqrt{a^2 + b^2} / H$$

2. 锥形建筑物的倾斜观测

　　当测定锥形建筑物，如烟囱、水塔等的倾斜度时，首先要求得顶部中心 O' 点对底部中心 O 点的偏心距，如图7-28中的 OO'，其做法如下。

　　如图7-28所示，在烟囱底部边沿平放一根标尺，在标尺的垂直平分线方向上安置经纬仪，使经纬仪距烟囱的距离不小于烟囱高度的1.5倍。用望远镜瞄准底部边缘两点 A、A' 及顶部边缘两点 B、B'，并分别投点到标尺上，设读数为 y_1、y_1' 和 y_2、y_2'，则烟囱顶部中心 O' 点对底部中心 O 点在 y 方向的偏心距为

$$\delta_y = (y_2 + y_2') / 2 - (y_1 + y_1') / 2$$

同法再安置经纬仪及标尺于烟囱的另一垂直方向（水平线方向），测得底部边缘和顶部

边缘在标尺上投点读数为 x_1、x_1' 和 x_2、x_2'，则在 x 方向上的偏心距为

$$\delta_x = (x_2 + x_2')/2 - (x_1 + x_1')/2$$

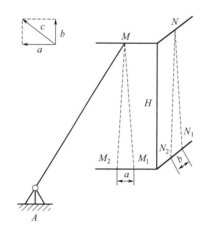

图 7-27　一般投点法

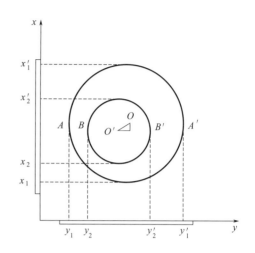

图 7-28　锥形建筑物的倾斜观测

烟囱的总偏心距为

$$\delta = \sqrt{\delta_x^2 + \delta_y^2}$$

烟囱的倾斜方向为

$$\alpha = \arctan(\delta_y/\delta_x)$$

式中　α——以 x 轴作为标准方向线所表示的方向角。

以上观测，要求仪器的水平轴应严格水平。因此，观测前仪器应进行检验与校正，使观测误差在允许误差范围以内，观测时应用正倒镜观测两次取其平均数。

二、　倾斜仪观测法

倾斜仪一般具有能连续读数、自动记录和数字传输等特点，有较高的观测精度，因而在倾斜观测中得到广泛应用。常见的倾斜仪有水准管式倾斜仪、气泡式倾斜仪和电子倾斜仪等。

气泡式倾斜仪由一个高灵敏度的气泡水准管 e 和一套精密的测微器组成，如图 7-29 所示。气泡水准管固定在架 a 上，可绕 c 转动，a 下装一弹簧片 d，在底板 b 下为置放装置 m，测微器中包括测微杆 g、读数盘 h 和指标 k。将倾斜仪安置在需要的位置上，转动读数盘，使测微杆向上（向下）移动，直至水准管气泡居中为止。此时在读数盘上读数，即可得出该处的倾斜度。

我国制造的气泡式倾斜仪灵敏度为 $2''$，总的观测范围为 $1°$。气泡式倾斜仪适用于观测较大的倾斜角或量测局部地区的变形，如测定设备基础和平台的倾斜等。

三、　激光铅垂仪法

激光铅垂仪法是在顶部适当位置安置接收靶，在其垂线下的地面或地板上安置激光铅垂

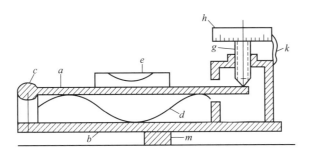

图 7-29　气泡式倾斜仪

仪或激光经纬仪，按一定的周期观测，在接收靶上直接读取或量出顶部的水平位移量和位移方向，作业中仪器应严格整平、对中。

当建筑物立面上观测点数量较多或倾斜变形比较明显时，也可采用近景摄影测量的方法进行建筑物的倾斜观测。

建筑物倾斜观测的周期，可视倾斜速度的大小，每隔 1～3 个月观测一次。如遇基础附近因大量堆载或卸载，场地降雨长期大量积水而导致倾斜速度加快时，应及时增加观测次数。施工期间的观测周期与沉降观测周期一致。倾斜观测应避开强日照和风荷载影响大的时间段。

四、 一般建筑物主体的倾斜观测

建筑物主体的倾斜观测，应测定建筑物顶部观测点相对于底部观测点的偏移值，再根据建筑物的高度，计算建筑物主体的倾斜度，即

$$i = \tan\alpha = \frac{\Delta D}{H}$$

式中　i——建筑物主体的倾斜度；

　　ΔD——建筑物顶部观测点相对于底部观测点的偏移值，m；

　　H——建筑物的高度，m；

　　α——倾斜角，(°)。

倾斜测量主要是测定建筑物主体的偏移值 ΔD。偏移值 ΔD 的测定一般采用经纬仪投影法。具体观测方法如下。

①如图 7-30 所示，将经纬仪安置在固定测站上，该测站到建筑物的距离为建筑物高度的 1.5 倍以上。瞄准建筑物 X 墙面上部的观测点 M，用盘左、盘右分中投点法，定出下部的观测点 N。用同样的方法，在与 X 墙面垂直的 Y 墙面上定出上观测点 P 和下观测点 Q。M、N 和 P、Q 即为所设观测标志。

② 相隔一段时间后，在原固定测站上，安置经纬仪，分别瞄准上观测点 M 和 P，用盘左、盘右分中投点法，得到 N' 和 Q'。如果 N 与 N'、Q 与 Q' 不重合，说明建筑物发生了倾斜。

③ 用尺子量出在 X、Y 墙面的偏移值 ΔA、ΔB，然后用矢量相加的方法，计算出该建筑物的总偏移值 ΔD，即

$$\Delta D = \sqrt{\Delta A^2 + \Delta B^2}$$

根据总偏移值 ΔD 和建筑物的高度 H 即可计算出其倾斜度 i。

五、 圆形建（构） 筑物主体的倾斜观测

对圆形建（构）筑物的倾斜观测，是在互相垂直的两个方向上，测定其顶部中心对底部中心的偏移值。具体观测方法如下。

① 如图 7-31 所示，在烟囱底部横放一根标尺，在标尺中垂线方向上安置经纬仪，经纬仪到烟囱的距离为烟囱高度的 1.5 倍。

② 用望远镜将烟囱顶部边缘两点 A、A' 及底部边缘两点 B、B' 分别投到标尺上，得读数为 y_1、y_1' 及 y_2、y_2'。烟囱顶部中心 O 对底部中心 O' 在 y 方向上的偏移值 Δy 为

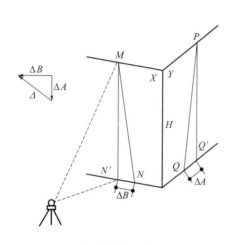

图 7-30　一般建筑物主体的倾斜观测　　　图 7-31　圆形建（构）筑物的主体倾斜观测

$$\Delta y = \frac{y_1 + y_1'}{2} - \frac{y_2 + y_2'}{2}$$

③ 用同样的方法，可测得在 x 方向上，顶部中心 O 的偏移值 Δx 为

$$\Delta x = \frac{x_1 + x_1'}{2} - \frac{x_2 + x_2'}{2}$$

④ 用矢量相加的方法，计算出顶部中心 O 对底部中心 O' 的总偏移值 ΔD，即

$$\Delta D = \sqrt{\Delta x^2 + \Delta y^2}$$

根据总偏移值 ΔD 和圆形建（构）筑物的高度即可计算出其倾斜度 i。

另外，也可采用激光铅垂仪或悬吊垂球的方法，直接测定建（构）筑物的倾斜量。

六、 建筑物基础倾斜观测

建筑物的基础倾斜观测一般采用精密水准测量的方法，定期测出基础两端点的沉降量差值 Δh，如图7-32、图7-33 所示，再根据两点间的距离 L，即可计算出基础的倾斜度。

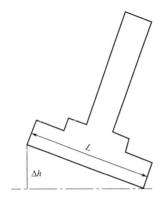

图 7-32　测定建筑物的偏移值

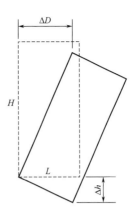

图 7-33　基础倾斜观测

$$i = \frac{\Delta h}{L}$$

对整体刚度较好的建筑物的倾斜观测，也可采用基础沉降量差值，推算主体偏移值。用精密水准测量测定建筑物基础两端点的沉降量差值 Δh，再根据建筑物的宽度 L 和高度 H，推算出该建筑物主体的偏移值 ΔD，即

$$\Delta D = \frac{\Delta h}{L} H$$

七、　成果整理

测量外业之后，应及时由测量技术员检查手簿中的观测数据和计算结果是否合理、正确，精度是否合格等，然后进行内业计算，并形成测量报告。

变形观测工作结束后应提交如图 7-34 所示成果。

图 7-34　成果整理

现场记录使用统一的表格，所有的测量数据都应保存原始测量记录，这些记录应按时间顺序归档。在测量过程中，必须完整记录现场测量结果，不允许修改记录，若有记录错误，在其上方记录正确结果并轻轻划掉错误记录，但应能看清划掉的数字。

 相关知识点 ▶▶

建筑物倾斜观测的方法有两类：一类是直接测定建筑物的倾斜；另一类是通过测量建筑物基础相对沉陷的方法来确定建筑物的倾斜。

第五节 裂缝观测

一、基础知识

裂缝观测

扫码观看本视频

裂缝观测是指对建筑物墙体出现的裂缝进行的观测。裂缝的产生原因可能是：地基处理不当、不均匀下沉；地表和建筑物相对滑动；设计问题，导致局部出现过大的拉应力；混凝土浇灌或养护的问题，水温、气温或其他问题。

裂缝观测也是建筑物变形测量的重要内容。建筑物出现了裂缝，就是变形明显的标志，对出现的裂缝要及时进行编号，并分别观测裂缝分布位置、走向、长度、宽度及其变化程度等项目。观测的裂缝数量视需要而定，主要的或变化大的裂缝应进行观测。

对需要观测的裂缝应进行统一编号。每条裂缝至少应布设两组观测标志，一组在裂缝最宽处，另一组在裂缝末端，每一组标志由裂缝两侧各一个标志组成。对于混凝土建筑物上的裂缝的位置、走向以及长度的观测，是在裂缝的两端用油漆画线作标志，或在混凝土的表面绘制方格坐标，用钢尺丈量，或用方格网板定期量取"坐标差"。对于重要的裂缝，也可选其有代表性的位置埋设标点，即在裂缝的两侧打孔埋设金属棒标志点，定期用游标卡尺量出两点间的距离变化，即可精确得出裂缝宽度变化情况。对于面积较大且不便于人工量测的众多裂缝宜采用近景摄影测量方法；当需要连续监测裂缝变化时，还可采用测缝计或传感器自动测记方法。

二、观测方法

当建筑物出现裂缝之后，应及时进行裂缝观测，并画出裂缝的分布图。常用的裂缝观测方法有两种，如图 7-35 所示。

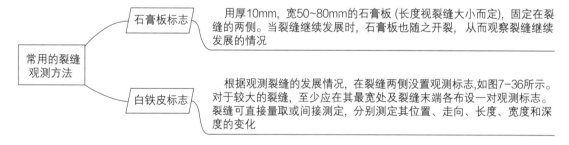

图 7-35　常用的裂缝观测方法

观测标志可用两块白铁皮制成，一片尺寸为 150mm×150mm，固定在裂缝的一侧，并使其一边和裂缝边缘对齐；另一片尺寸为 50mm×200mm，固定在裂缝的另一侧，并使其一部分紧贴在尺寸为 150mm×150mm 的白铁皮上，两块白铁皮的边缘应彼此平行。标志固定好后，在两块白铁皮露在外面的表面涂上红色油漆，并写上编号和日期。标志设置好后如果裂缝继续发展，白铁皮将逐渐拉开，露出正方形白铁皮上没有涂油漆部分，它的宽度就是裂缝加大的宽度，可以用尺子直接量出。用同样的方法在可能发生裂缝处进行设置，即可获

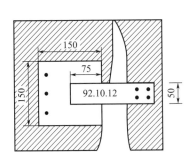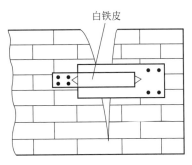

图 7-36 裂缝观测标志

知建筑物是否发生裂缝变形以及变形程度的信息。对于裂缝深度，可拿尺子直接量测，必要时需采取相应的加固措施。

裂缝观测的方法还有钢筋头标志和摄影测量。

第六节 水平位移观测

一、基础知识

水平位移观测

扫码观看本视频

建筑物水平位移观测包括：位于特殊土地区的建筑物地基基础水平位移观测；受高层建筑基础施工影响的建筑物及工程设施水平位移观测；挡土墙、大面积堆载等工程中所需的地基土深层侧向位移观测等。应测定在规定平面位置上随时间变化的位移量和位移速度。

工业建筑场地的地面水平位移，其方向可能是任意的，也可能发生在某一特定方向。对于任意方向的位移观测，通常要布设高精度的变形控制网，变形网一般由基准点（埋设在变形影响范围之外的稳定点）、工作基点（埋设在接近位移的地带，由它观测变形观测点）、变形观测点（直接埋设在位移地区，其点位随地面位移而变化）组成。由基准点和工作基点组成首级变形控制网，工作基点与变形观测点组成次级网。变形控制网按不同观测对象和不同的观测仪器可布设成测角网、测边网、边角网。在没有固定点可利用的情况下，变形网则布设成自由网（全部控制点位于变形影响范围以内）。对较复杂的网形，应在预定的工作量下进行优化设计。首级变形网复测周期较长，次级网复测周期较短。由各期观测成果计算出的各观测点坐标变化，可以计算各点的位移量，以反映各观测期间地面水平位移情况。

1. 点位的选设

水平位移观测点位的选设应符合如图 7-37 所示要求。

2. 观测点的标志和标石设置

在进行水平位移观测时可以利用已有控制点或其他变形观测设置的控制点进行，若无现

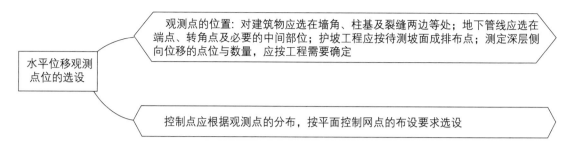

图 7-37　水平位移观测点位的选设

成点可以利用，则需要自行设置观测标志。观测点的标志和标石设置应符合如图 7-38 所示要求。

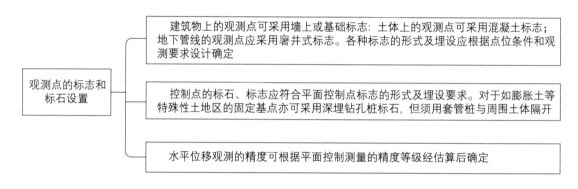

图 7-38　观测点的标志和标石设置

建筑物水平位移观测的周期应视不同情况分别对待。对于不良地基土地区的观测，可与一并进行的沉降观测协调考虑确定；对于受基础施工影响的有关观测，应按施工进度的需要确定，可逐日或隔数日观测一次直至施工结束；对于土体内部侧向位移观测，应视变形情况和工程进展而定。

通常水平位移监测方法有控制网法和特殊基准线法，基准线法通常采用视准线法、激光准直法和引张线法。控制网法通常采用前方交会法、后方交会法、三角网法、边角网法、导线法，实际工作中一般采用前方交会法和三角法。考虑到场地原因有些观测点上不易架设仪器，前方交会就是水平位移监测的首选方法。

3. 观测资料的整理和分析

整理和分析的目的是验证变形是否存在和分析产生变形的原因，通常采用图解法或解析法。图解法是在计算各变形值后，以时间和变形值为参数绘制各种图表，如等沉降曲线图、水平位移矢量图、应变图等，进行位移矢量分析和应变分析以了解变形过程和发展趋势。解析法应用统计检验方法，判别变形是否存在。应用回归分析可定量地分析变形规律，并且可用来作变形预报，这对监视变形具有重要价值。

4. 观测结束后应提交的成果

观测结束后应提交的成果如图 7-39 所示。

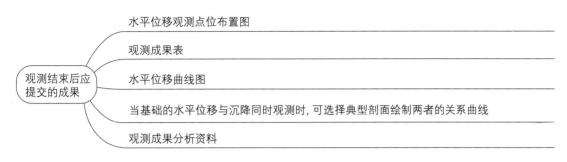

图 7-39　观测结束后应提交的成果

二、 观测与记录

1. 观测方法

水平位移观测可根据需要与现场条件选用下列方法。

（1） 测量地面观测点在特定方向的位移时

① 视准线法。包括小角法和活动觇牌法。某些建筑物只要求测定某特定方向上的位移量，此时可采用基准线法进行水平位移观测。它是在垂直于待测方向上埋设观测点，以垂直于位移方向固定不变的铅垂平面作为基础面，定期用测小角法或活动觇标法测定观测点的偏离，以计算位移值。

采用小角法时基准线应按平行于待测的建筑物边线布置。角度观测的精度和测回数应按要求的偏差值观测中误差估算确定，距离可按 1/2000 的精度测量。活动觇牌法基准线离开观测点的距离不应超过活动觇牌读数尺的读数范围。在基准线一端安置经纬仪或视准仪，瞄准安置在另一端的固定觇牌进行定向，待活动觇牌的照准标志正好移至方向线上时读数。每个观测点应按确定的测回数进行往测与返测。

采用基准线法测定绝对位移时，应在基准线两端各自向外的延长线上，埋设基准点或按检核方向线法埋设 4~5 个检核点。在观测成果的处理中，应计算根据基准点或稳定的检核点用视准线法观测基准线端点的偏差改正。

② 激光准直法。点位布设与活动觇牌法的要求相同。根据测定偏差值的方法不同，可采用激光经纬仪准直法或衍射式激光准直系统。当要求具有 $10^{-5} \sim 10^{-4}$ 量级准直精度时，可采用 DJ_2 型配置氦-氖激光器的激光经纬仪及光电探测器或目测有机玻璃方格网板；当要求达 10^{-6} 量级精度时，可采用 DJ_1 型配置高稳定性氦-氖激光器的激光经纬仪及高精度光电探测系统；衍射式激光准直系统：用于较长距离（如 1000m 之内）的高精度准直，可采用三点式激光衍射准直系统或衍射频谱成像及投影成像激光准直系统。对短距离（如数十米）的高精度准直，可采用衍射式激光准直仪或连续成像衍射板准直仪。

激光仪器在使用前必须进行检校，使仪器射出的激光束轴线、发射系统轴线和望远镜照准轴三者重合（共轴），并使观测目标与最小激光斑重合（共焦）。

③ 测边角法。主要用于地下管线的观测。对主要观测点，可以该点为测站测出对应基准线端点的边长与角度，求得偏差值。对其他观测点，可选适宜的主要观测点为测站，测出对应其他观测点的距离与方向值，按坐标法求得偏差值。角度观测测回数与长度的测量精度要求，应根据要求的偏差值观测中误差确定。

④ 采用基准线法测定绝对位移时，应在基准线两端各自向外的延长线上，埋设基准点或按检核方向线法埋设 4~5 个检核点。在观测成果的处理中，应计算根据基准点或稳定的检核点用视准线法观测基准线端点的偏差改正。

（2）测量观测点任意方向位移时

测量观测点任意方向位移时，可视观测点的分布情况，采用前方交会法或方向差交会法、导线测量法或近景摄影测量等方法。其中角度前方交会法是一种简单且便于操作的方法，具体做法是利用角度前方交会法，对观测点进行角度观测，按前方交会计算公式计算观测点的坐标，利用两期之间的坐标差值，计算该点的水平位移量。

单个建筑物亦可采用直接量测位移分量的方向线法，在建筑物纵、横轴线的相邻延长线上设置固定方向线，定期测出基础的纵向位移和横向位移。如图 7-40 所示，在垂直于建筑物轴线的方向上布设两条相互垂直的基线 AB 和 CD（基线的端点埋设永久性标志）；在建筑物上对应于基线方向的位置钉上标牌，并用经纬仪以正倒镜取中法将 AB、CD 延长到标牌上，分别得 M、N 点，并钻以小孔标志。若过一段时间后建筑物发生了水平位移（图中虚线位置），则再将基线延长到标牌上时，必得到 M' 和 N' 点。量取 M' 与 M 和 N' 与 N 之间的水平距离，即可获得建筑物的纵、横向位移。根据纵、横向位移的大小，利用勾股定理便可求得建筑物的合位移。

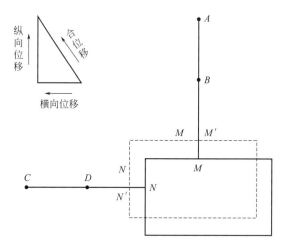

图 7-40　建筑物水平位移观测

（3）对大测区或远离稳定地区的测区

对于观测内容较多的大测区或观测点远离稳定地区的测区，宜采用三角、三边、边角测量与基准线法相结合的综合测量方法。

（4）测量土体内部侧向位移

测量土体内部侧向位移，可采用下列测斜仪观测方法，如图 7-41 所示。

测斜仪观测方法	测斜仪宜采用能在土层中连续进行多点测量的滑动式仪器。仪器包括测头、接收指示器、连接电缆和测斜导管等四部分。测头可选用伺服加速度计式或电阻应变计式；接收指示器应与测头配套；电缆应有距离标记，使用时在测头重力作用下不应有伸长现象；导管的模量既要与土体模量接近，又不致因土压力而压偏导管，导槽须具高成型精度
	在观测点上埋设导管之前，应按预定埋设深度配好所需导管和钻孔。连接导槽时应对准导槽，使之保持在一条直线上。管底端应装底盖，每个接头及底盖处应密封。将导管吊入孔内时，应使十字形槽口对准观测的水平位移方向。埋好管后，需停留一段时间，使导管与土体固连为一个整体
	观测时，可由管底开始向上提升测头至待测位置，或沿导槽全长每隔500mm（轮距）测读一次，测完后，将测头旋转180°再测一次。两次观测位置(深度)应一致，合起来作为一测回。每周期观测可测两测回，每个测斜导管的初测值应测四测回，观测成果均取中数值

图 7-41　测斜仪观测方法

2. 水平位移观测成果图示例

地基土深层侧向位移如图 7-42 和图 7-43 所示。图 7-42 所示为某工程实测的大面积加荷引起的水平位移沿深度分布线，图 7-43 所示为某高层建筑基坑四周地下钢筋混凝土连续墙上一个测斜导管，在不同深度处，从基坑开挖前开始，直至基础底板混凝土浇灌完毕为止，所测得的时间-位移曲线。

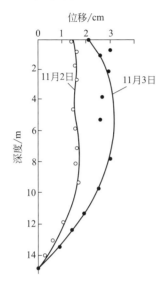

图 7-42　深度-位移曲线

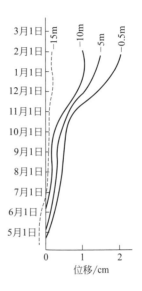

图 7-43　时间-位移曲线

3. 高层建筑物水平位移观测

高层建筑物水平位移观测如图 7-44 所示。

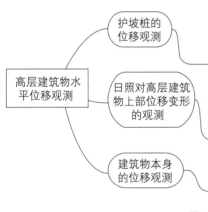

图 7-44　高层建筑物水平位移观测

除以上方法适用于水平位移观测，还有前方交会法。前方交会法测定建筑物位移主要适用于拱坝、曲线桥梁和高层建筑等位移观测。

第八章 ▶▶

测量设备的维护

第一节 仪器的检修

一、 影响设备使用的因素

测量仪器通常用于野外作业，因此容易受潮湿和高温影响而发霉、锈蚀、积灰，影响仪器的正常使用。长时间的外业使用，仪器会自然磨损，也可能受外力撞击、振动等影响，使仪器所要求满足的轴系几何关系发生变动，严重的甚至造成部件的损坏。

测量仪器的检修

扫码观看本视频

在实际工作中，测量放线工缺乏仪器检校、维护、修理的基础知识，从而影响工作和仪器的使用寿命，对使用者来说首先要重视维护和懂得维护，保管好仪器，携带和运输中尽量减少和避免剧烈振动。每次收工时，要用软毛刷拂去仪器上的灰尘，不用时，将仪器保存在干燥的房间内。使用过程中还应定期检校、维护以提高仪器的使用效率。

发生故障时，应按有关程序对故障症状进行分析、检查，视具体情况和客观所具备的条件进行力所能及的检修工作。若仪器损坏较严重或者不具备维修该部件的知识、经验和设施条件的，不得随意拆卸，应送制造厂或专门部门修理，以免造成进一步损坏。

测量仪器当中的光学零件组成了仪器各个部分的光路，为了满足有关设计要求，零件的位置经过计算，若位置变化、零件受潮霉变或脱胶，有关光学部分就会出现故障。

二、 检修设备及材料

1. 检修工具

检修仪器时，通常需要使用一些专用设备，以保证在清理和检修仪器的同时，能够清理干净并且不损伤仪器的内部元件。此外，检修质量与检修人员的业务水平能力也有很大关系，而检修工具的质量、完备情况和使用是否正确也同样影响到检修的效果。

检修工具及用途如图8-1所示。

2. 检修常用材料

检修常用材料及用途如图8-2所示。

三、 一般检修

1. 检修步骤

检修步骤如图8-3所示。

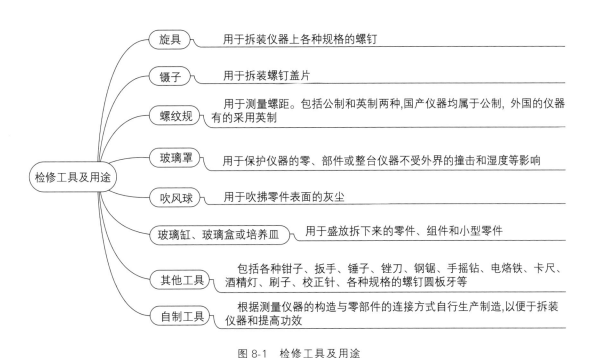

图 8-1　检修工具及用途

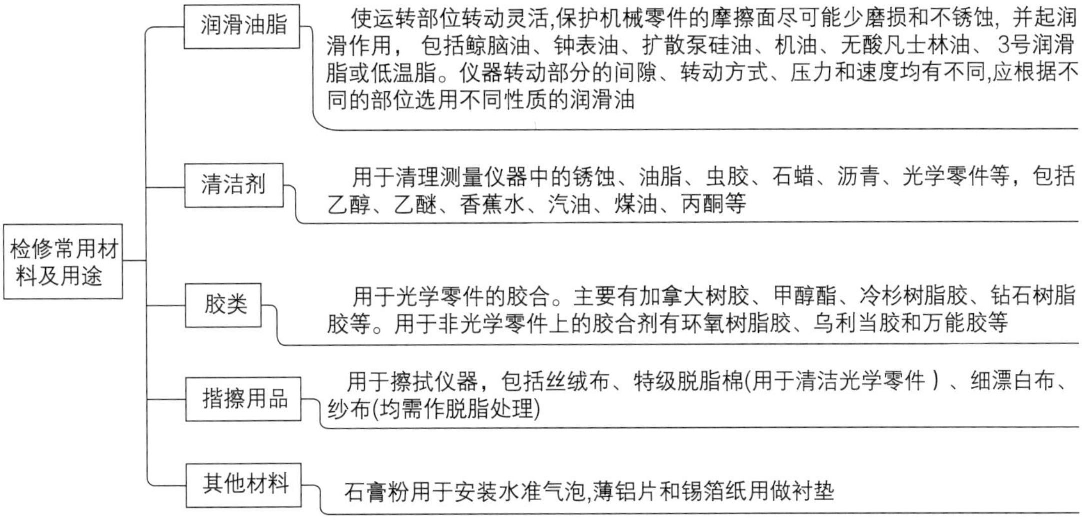

检修工具及用途
- 旋具 —— 用于拆装仪器上各种规格的螺钉
- 镊子 —— 用于拆装螺钉盖片
- 螺纹规 —— 用于测量螺距。包括公制和英制两种,国产仪器均属于公制, 外国的仪器有的采用英制
- 玻璃罩 —— 用于保护仪器的零、部件或整台仪器不受外界的撞击和湿度等影响
- 吹风球 —— 用于吹拂零件表面的灰尘
- 玻璃缸、玻璃盒或培养皿 —— 用于盛放拆下来的零件、组件和小型零件
- 其他工具 —— 包括各种钳子、扳手、锤子、锉刀、钢锯、手摇钻、电烙铁、卡尺、酒精灯、刷子、校正针、各种规格的螺钉圆板牙等
- 自制工具 —— 根据测量仪器的构造与零部件的连接方式自行生产制造,以便于拆装仪器和提高功效

检修常用材料及用途
- 润滑油脂 —— 使运转部位转动灵活,保护机械零件的摩擦面尽可能少磨损和不锈蚀, 并起润滑作用, 包括鲸脑油、钟表油、扩散泵硅油、机油、无酸凡士林油、3号润滑脂或低温脂。仪器转动部分的间隙、转动方式、压力和速度均有不同,应根据不同的部位选用不同性质的润滑油
- 清洁剂 —— 用于清理测量仪器中的锈蚀、油脂、虫胶、石蜡、沥青、光学零件等,包括乙醇、乙醚、香蕉水、汽油、煤油、丙酮等
- 胶类 —— 用于光学零件的胶合。主要有加拿大树胶、甲醇酯、冷杉树脂胶、钻石树脂胶等。用于非光学零件上的胶合剂有环氧树脂胶、乌利当胶和万能胶等
- 揩擦用品 —— 用于擦拭仪器,包括丝绒布、特级脱脂棉(用于清洁光学零件)、细漂白布、纱布(均需作脱脂处理)
- 其他材料 —— 石膏粉用于安装水准气泡,薄铝片和锡箔纸用做衬垫

图 8-2　检修常用材料及用途

检修步骤

检查各安平、制动、微动等螺旋和目镜、物镜的调焦环(或调焦螺旋)有无缺损和不正常现象

检查外表零件、组件的固连螺钉、校正螺钉有无缺损和松动以及外表面有无锈蚀、脱漆、电镀脱色等现象

检查各个水准器有无碎裂、松动、气泡扩大,能否随安平螺旋的调整作相应移动,是否有格线颜色脱落等现象

水准器的观察镜、反光镜有无缺损,气泡成像是否符合要求,观测系统(观察镜、反光镜)有无缺损和霉污,成像是否清晰

检查竖轴和横轴在运转时是否平滑均匀正常,有无过松或过紧、卡滞等现象

检查照准系统望远镜的成像情况,检查光学零件有无水汽、霉污、视线模糊、脱胶、碎裂和缺损现象,并检查读数系统和光学对中器有无上述光学部分成像不清等现象

度盘和测微器的格线有无长短、歪斜及度盘偏心现象

水平度盘和竖盘的格线有无视差、行差和指标差

设有复测机构的经纬仪,需检查复测机构有无滞动度盘或打滑现象

检查三脚架是否牢固,脚架伸缩腿的固定螺旋是否失效,木棍紧固螺钉是否有效及伸缩腿的脚尖有无松动

图 8-3　检修步骤

2. 检修注意事项

检修注意事项如图 8-4 所示。

检修注意事项

检修开始前,需了解待检修设备的技术资料,如结构图、光路图等,同时还要将检修工具、材料准备齐全

全面检查仪器,结合有关光学零件和主要机械部件的知识,准确判断出仪器产生故障的原因和部位,定出检修的方案

检修某些局部性的故障,仅对故障发生部位进行修理,尽量不拆动与故障无关的零部件

对于综合性故障,应本着"先易后难"的原则,容易的问题先解决,而后再解决困难的问题。同时还要局部地进行拆卸、修理、清洁和组装的程序,以免装错或丢失零件

拆装仪器时,初次拆装应在导师指导下进行。遇到难拆卸的零部件,在没有弄清仪器的结构之前,不得随意或强行拆卸。仔细检查结构连接部位的连接方法,以免损坏部件。遇到难拆或生锈的螺钉,可在该部位滴些汽油,轻轻敲几下螺钉,缓缓拧下。拆卸下来的零部件应按零件的精细程度分别存放和清洁,以免造成损伤或混杂,也便于组装时选用

安装仪器时应戴上乳胶手套,将所有的光学零件的抛光面擦拭干净,防止二次污染。放置光学零件的器皿要垫脱脂棉或棉纸,使零件间尽量分开

检修完成后,再次对仪器进行校验,校验合格后方可使用

图 8-4　检修注意事项

仪器在使用过程中，应将其发生的故障及其产生原因详细记录下来，以备检修时提供参考。在修理前再重点进行复查，并做出记录，作为判断和排除故障的根据。检修过程中，应对各个部位进行全面检查；根据检查结果确定故障源、发生故障的部位及其性质。

测量仪器的保养

扫码观看本视频

第二节　仪器的保养

一、水准仪的保养

水准仪的保养要点如图 8-5 所示。

水准仪的保养要点

- 仪器的保养
  - 尽量减少仪器设备在运输过程中的颠簸，以免元、器件松动，导致测试结果出现偏差；避免遇潮、沾水，以免影响观测结果或损坏设备；还应避免阳光直晒，以免影响观测
  - 保护好目镜与物镜镜片，如遇灰尘，应使用专业擦拭纸进行清理，避免用一般抹布直接擦抹
- 水准尺的保养
  - 尺面应保持清洁，防止碰损，尺底板容易因沾水或沾上湿泥而受到损坏，要经常保持其干燥和螺钉的固定。使用塔尺时要注意接口与弹簧片的松紧度，抽出塔尺上一节时，要注意接口是否安好，若脱落而未发现会使读数错误
- 三脚架的保养
  - 三脚架架首的三个紧固螺旋不要拧得太紧或太松，接节螺旋不能用力过锰，三脚架各脚尖易锈蚀和晃动，要经常保持其干燥和螺钉的固定

图 8-5　水准仪的保养要点

二、经纬仪的保养

经纬仪的保养要点如图 8-6 所示。

经纬仪的保养要点

- 仪器应存放于仪器箱内，并保持箱内干燥、清洁。可适当加入一些干燥剂
- 配合三脚架使用时，仪器应及时紧固，使用完毕后，应将仪器及时取下并放入箱内
- 如仪器受潮，应待其干燥后方可放入仪器箱内。尤其在雨季、梅雨季节要特别注意保管室的湿度，箱内应放入经烘干的干燥剂。若因受潮而产生霉点和脱膜，应及时送工厂修理
- 仪器需要长距离运输时，宜采取防振措施，运输完成后，需要经过检查后再投入使用

图 8-6　经纬仪的保养要点

第九章 ▶▶
建筑施工测量

第一节 民用建筑施工测量

在施工中，施工测量贯穿于整个施工过程，开工前进行的测量准备工作包括熟悉图纸、现场踏勘、平整和清理施工现场、编制施工测量方案和建立施工控制网等；在施工过程中根据已建成的施工控制网进行主体及细部的定位、放线和基础墙体施工测量；工程结束要进行竣工测量，高大和特殊建筑物还要进行变形监测。

一、建筑施工控制测量

1. 施工控制网概述

建筑施工控制的任务是建立施工控制网。由于在勘测设计阶段所建立的测图控制网未考虑拟建建筑物的总体布置，在点位的分布、密度和精度等方面不能满足施工放样的要求；在测量施工现场平整场地

民用建筑施工测量

扫码观看本视频

工作中进行土方的填挖，原来布置的控制点大多被破坏。因此，在施工前大多必须以测图控制点为定向条件重新建立统一的施工控制网。

在建筑工程施工现场，各种建（构）筑物分布较广，常常分批分期兴建，它们的施工测量一般都按施工顺序分批进行。为了保证施工测量的精度和速度，使各建（构）筑物的平面位置和高程都能符合设计要求，互相连成统一的整体，施工测量和测绘地形一样，也要遵循"从整体到局部，先控制后细部"的原则。即先在施工现场建立统一的施工控制网，然后以此为基础，测设各个建（构）筑物的位置和进行变形观测。

施工控制网分为平面控制网和高程控制网两种，前者常采用导线网、建筑基线或建筑方格网等，后者则采用三、四等水准网或图根水准网。

相对于测图控制网来说，施工控制网具有控制范围小、控制点密度大、精度要求高、使用频繁、受施工干扰大等特点。

2. 平面施工控制网

施工控制网的布设形式，应根据建筑物的总体布置、建筑场地的大小以及测区地形条件等因素来确定：在大中型建筑施工场地，施工控制网一般布置成正方形或矩形格网，称为建筑方格网；在面积不大又不十分复杂的建筑场地上，常布置一条或几条相互垂直的基线，称为建筑基线；对于扩建工程或改建工程，可采用导线网作为施工控制网。

建筑施工通常采用建筑坐标系，亦称施工坐标系。其坐标轴与建筑物主轴线相一致或平行，以便设计和施工放样，因此，建筑坐标系与测量坐标系往往不一致，在建立施工控制网

时，常需要进行建筑坐标系与测量坐标系的换算。

如图 9-1 所示，设已知 P 点的建筑坐标为（A_P、B_P），如将其换算成测量坐标（x_P，y_P），可以按下式计算：

$$\left.\begin{array}{l} x_P = x_0 + A_P \cos\alpha - B_P \sin\alpha \\ y_P = y_0 + A_P \sin\alpha + B_P \cos\alpha \end{array}\right\} \tag{9-1}$$

（1）建筑基线

① 建筑基线的布置　在形状不大、地势较平坦的建筑场地上，布设一条或几条基准线，作为施工测量的平面控制，称为建筑基线。根据建筑设计总平面图上建筑物的分布，现场地形条件及原有测图控制点的分布情况，建筑基线可布设成三点直线形、四点直角形、五点十字形和四点丁字形等形式，如图 9-2 所示。建筑基线应尽可能地靠近拟建的主要建筑物，并与其主要轴线平行或垂直，以便用较简单的直角坐标法进行测设。基线点位应选在通视良好，不受施工影响，且不易被破坏的地方，为能长期保存，要埋设永久性的混凝土桩，边长 100～400m；基线点应不少于三个，以便校核。

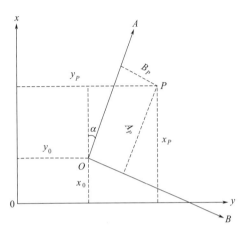

图 9-1　建筑坐标与测量坐标的换算

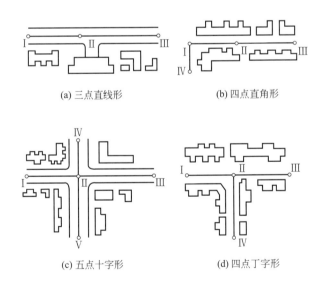

(a) 三点直线形　　　　　　(b) 四点直角形

(c) 五点十字形　　　　　　(d) 四点丁字形

图 9-2　建筑基线的布置

② 建筑基线的测设　根据建筑场地的不同情况，测设建筑基线的方法主要有下述两种。

a. 根据建筑红线测设。在城市建设中，建筑用地的界址，是由规划部门确定，并由拨地单位在现场直接标定出用地边界点，边界点的连线是正交的直线，称为建筑红线。建筑红线与拟建的主要建筑物或建筑群中的多数建筑物的主轴线平行。因此，可根据建筑红线用平行线推移法测设建筑基线。

如图 9-3 所示，Ⅰ—Ⅱ和Ⅱ—Ⅲ是两条互相垂直的建筑红线，A、O、B 三点是欲测的建筑基线点。其测设过程：从Ⅱ点出发，沿Ⅱ—Ⅲ和Ⅱ—Ⅰ方向分别量取 d 长度得出 A' 和 B' 点；再过Ⅰ、Ⅲ两点分别作建筑红线的垂线，并沿垂直方向分别量取 d 的长度得出 A 点和 B 点；然后，将 AA' 与 BB' 连线，则交会出 O 点。A、O、B 三点即为建筑基线点。

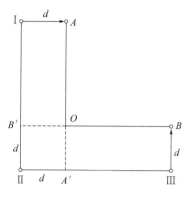

图 9-3　建筑红线

当把 A、O、B 三点在地面上做好标志后，将经纬仪安置在 O 点上，精确观测 $\angle AOB$，若 $\angle AOB$ 与 $90°$ 之差不在容许值以内时，应进一步检查测设数据和测设方法，并应对 $\angle AOB$ 按水平角精确测设法来进行点位的调整，使 $\angle AOB = 90°$。

如果建筑红线完全符合作为建筑基线的条件时，可将其作为建筑基线使用，即直接用建筑红线进行建筑物的放样，既简便又快捷。

b. 根据附近的控制点测设。在非建筑区，没有建筑红线作依据时，就需要在建筑设计总平面图上，根据建筑物的设计坐标和附近已有的测图控制点来选定建筑基线的位置，并在实地采用极坐标法或角度交会法把基线点在地面上标定出来。

（2）建筑方格网

① 建筑方格网的布置　建筑方格网的布置是根据建筑设计总平面图上各建筑物、构筑物和各种管线的布设，并结合现场的地形情况拟定的。布置时，应先定方格网的主轴线，然后再布置其他方格点。格网可布置成正方形或矩形。方格网布置时，应注意如图 9-4 所示几点。

方格网的主轴线应布设在整个厂区的中部，并与总平面图上所设计的主要建筑物的轴线平行

方格网布置需要注意的问题	方格网的转折角应严格成90°
	方格网的边长一般为100~200m，边长的相对精度视工程要求而定，一般为1/20000~1/10000
	桩点位置应选在不受施工影响并能长期保存之处
	当场地面积不大时，尽量布设成全面方格网。场地面积较大时，应分二级布设，首级可采用十字形、口字形、田字形，然后再加密方格网

图 9-4　方格网布置需要注意的问题

② 建筑方格网主轴线的测设　如图 9-5 所示，MN、CD 为建筑方格网的主轴线，A、O、B 是主轴线的定位点，称为主点。主点的坐标一般由设计单位给出，也可在总平面图上用图解法求得。

如图 9-6 所示，1、2、3 为测量控制点，首先将 A、O、B 三个主点的建筑坐标换算为测量坐标，再根据它们的坐标算出放样数据 D_1、D_2、D_3 和 β_1、β_2、β_3，然后按极坐标法分别测设出 A、O、B 三个主点的概略位置，以 A'、O'、B' 表示。

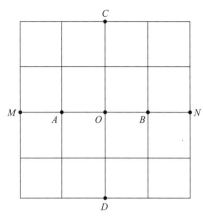

图 9-5 建筑方格网

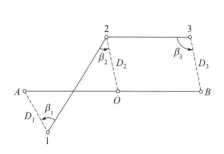

图 9-6 主轴线点的测设

由于测量误差，三个主点一般不在一条直线上，如图 9-7 所示。因此，要在 O' 点安置经纬仪，精确地测量 $\angle A'O'B'$ 的角值。如果它与 $180°$ 之差超过有关规定，则应进行调整，使三个主点成一直线。改正值 δ 可按下式计算：

$$\delta = \frac{ab}{2(a+b)} \times \frac{180° - \beta}{\rho''} \tag{9-2}$$

A、O、B 主点测设好后，如图 9-8 所示，将经纬仪安置在 O 点，测设与 AOB 轴线相垂直的另一主轴线 COD；用经纬仪瞄准 A 点，分别向右、向左旋转 $90°$，在地上定出 C 点和 D 点，然后精确地测出 $\angle AOC'$ 和 $\angle AOD'$，分别计算出它们与 $90°$ 之差 ε_1、ε_2，并按下式计算出改正值 l_1、l_2：

$$\left. \begin{array}{l} l_1 = d_1 \dfrac{\varepsilon_1''}{\rho''} \\[2mm] l_2 = d_2 \dfrac{\varepsilon_2''}{\rho''} \end{array} \right\} \tag{9-3}$$

将 C' 点沿与 CO 垂直方向移动距离 l_1，定出 C 点，同法定出 D 点。然后再实测改正后的 $\angle AOC$ 和 $\angle COD$ 作为检验。

最后自 O 点起，用钢尺或测距仪沿 OA、OB、OC、OD 方向测设主轴线的长度，确定 A、B、C、D 的点位。

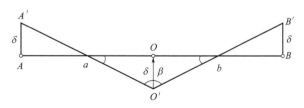

图 9-7 长轴线点位调整

③ 建筑方格网的详细测设 在主轴线测定以后，便可详细测设方格网。具体做法如下：在主轴线的四个端点 A、B、C 和 D 上分别安置经纬仪，如图 9-9 所示，每次都以 O 点为起始方向，分别向左、向右测设 $90°$ 角。这样，就交会出方格网的四个角点 E、F、G 和 H。

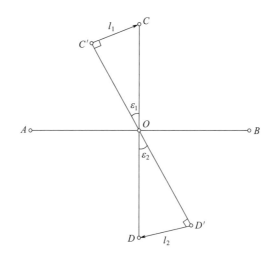

图 9-8　短轴线点位调整

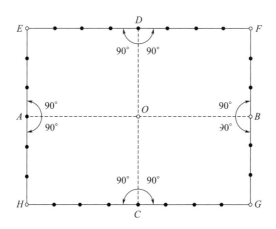

图 9-9　按主轴线点测设方格网

为了进行校核，还要量出 AE、AH、DE、DF、BF、BG、CG 和 CH 各段距离。量距精度要求与主轴线相同。如果根据量距离所得的角点位置与角度交会法所得的角点位置不一致时，则可适当地进行调整，以确定 E、F、G、H 点的最后位置。同样，用混凝土桩标定，以上述构成"田"字形的各方格点作为基本点，再以基本点为基础，按角度交会方法或导线测量方法测设方格中所有各点，并用大木桩或混凝土桩标定。

3. 高程施工控制网

建筑场地的控制测量必须与国家高程控制系统相联系，以便建立统一的高程系统。在一般情况下，施工场地平面控制点也可兼作高程控制点。高程控制网可分首级网格和加密网格，相应的水准点称为基本水准点和施工水准点。

一般中小型建筑场地施工高程控制网，其基本水准点应布设在不受施工影响、无振动、便于施测和能永久保存的地方，按四等水准测量的要求进行施测。而对于为连续性生产车间、地下管道放样所设立的基本水准点，则需按三等水准测量的要求进行施测。为了便于成果检核和提高测量精度，场地高程控制网应布设成闭合环线、附合路线或结点网形。加密水准路线可按图根水准测量的要求进行布设，加密水准点可埋设成临时标志，尽可能地靠近施工建筑场地,便于使用,并且设永久性标志。水准点的间距宜小于1km,距建筑物不宜小于25m。

施工水准点用来直接放样建筑物的高程。为了放样方便和减少误差,施工水准点应靠近建筑物,通常可以采用建筑方格网点的标志桩加设圆头钉作为施工水准点。水准点的密度应满足场地的需求,尽可能地做到观测一个测站即可测设所需高程点。

为了方便放样,在每栋较大的建筑物附近,还要布设±0.000水准点(一般以底层建筑物的地坪标高为±0.000),其位置多选在较稳定的建筑物墙、柱的侧面,用红油漆绘成上顶为水平线的"V"形,其顶端表示±0.000位置。但要注意,各建筑物的±0.000的绝对高程不一定相同。

二、 测设前的准备工作

1. 熟悉图纸

设计图纸是施工测量的主要依据,测设前应充分熟悉各种有关的设计图纸,了解施工建筑物与相邻地物的相互关系以及建筑物本身的内部尺寸关系,准确无误地获取测设工作中所需要的各种定位数据。与测设工作有关的设计图纸主要如下。

(1)建筑总平面图

如图9-10所示,建筑总平面图给出了建筑场地上所有建筑物和道路的平面位置及其主要点的坐标,标出了相邻建筑物之间的尺寸关系,注明了各栋建筑物室内地坪高程,是测设建筑物总体位置和高程的重要依据。

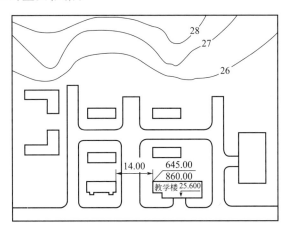

图9-10 建筑总平面图

(2)建筑平面图

建筑平面图标明了建筑物首层、标准层等各楼层的总尺寸,以及楼层内部各轴线之间的尺寸关系,如图9-11所示,它是测设建筑物细部轴线的依据。

(3)基础平面图及基础详图

如图9-12所示,基础平面图及基础详图标明了基础形式、基础平面布置、基础中心或中线的位置、基础边线与定位轴线之间的尺寸关系、基础横断面的形状和大小以及基础不同部位的设计标高等,它是测设基槽(坑)开挖边线和开挖深度的依据,也是基础定位及细部放样的依据。

(4)立面图和剖面图

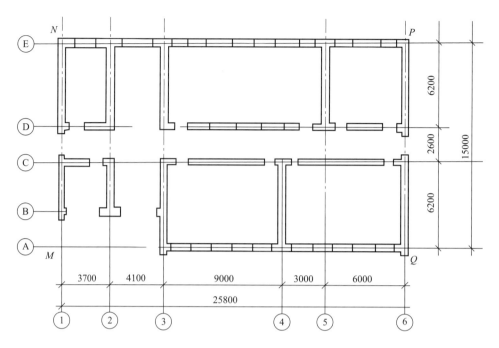

图 9-11　建筑平面图

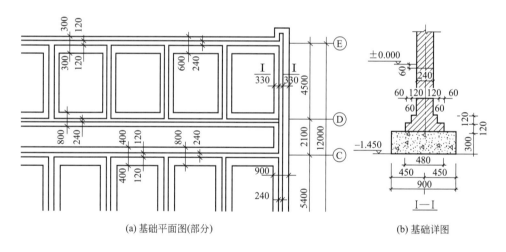

(a) 基础平面图(部分)　　　　　　　(b) 基础详图

图 9-12　基础平面图及基础详图

　　如图 9-13 所示，剖面图标明了室内地坪、门窗、楼梯平台、楼板、屋面及屋架等的设计高程，这些高程通常是以±0.000 标高为起算点的相对高程，它是测设建筑物各部位高程的依据。在熟悉图纸的过程中，应注意以下问题：仔细核对各种图纸上相同部位的尺寸是否一致，同一图纸上总尺寸与各有关部位尺寸之和是否一致，以免发生错误。

　　（5）计算测设数据并绘制建筑物测设略图

　　如图 9-14 所示，依据设计图纸计算所编制的测设方案的对应测设数据，然后绘制测设略图，并将计算数据标注在图中。

　　施工放样过程中，建筑物定位均是根据拟建建筑物外地坪轴线进行定位，因此在测前准备测设数据时，应注意各数据之间的拉点关系，根据外地坪的设计度找出外地坪及其至轴线

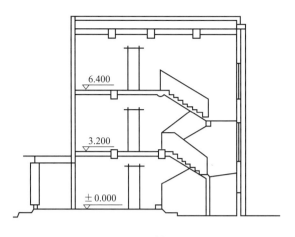

图 9-13 剖面图

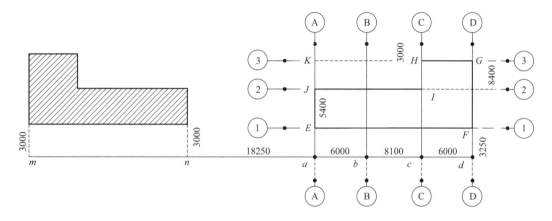

图 9-14 建筑物测设略图

的尺寸。

2. 现场踏勘

为了解建筑施工现场上地物、地貌以及原有测量控制点的分布情况，应进行现场踏勘，并对建筑施工现场上的平面控制点和水准点进行检核，以便获得正确的测量数据，然后根据实际情况考虑测设方案。

3. 平整和清理施工现场

现代民用建筑的规模越来越大，施工现场原有地物和地貌种类繁多，因此需要进行施工现场的平整和清理。在平整和清理施工现场时测量的工作如图 9-15 所示。

在平整和清理施工现场时测量的工作	取得最新地形图资料，并实施踏勘，建立符合平场要求的施工测量方格网
	根据地形图用测量仪器将施工范围边界测设到地面上，并做好相关征地及其范围内的建筑物体拆迁、清理工作
	根据设计标高控制平整场地标高，并计算平整场地挖填土石方量，尽可能做到挖、填平衡

图 9-15 在平整和清理施工现场时测量的工作

4. 编制施工测量方案

对于民用建筑来说，不同的建筑物对施工的精度要求各不相同，因此在熟悉设计图纸、施工计划和施工进度的基础上，须结合现场的条件和实际情况，拟订合理的施工测量方案。施工测量方案应包括如图 9-16 所示内容。

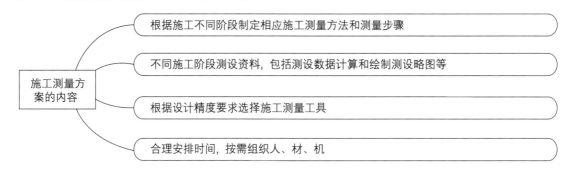

图 9-16　施工测量方案的内容

三、 民用建筑物的定位与放线

1. 建筑物的定位

建筑物的定位就是根据设计条件将建筑物四周外廓主要轴线的交点测设到地面上，作为基础放线和细部轴线放线的依据。由于设计条件和现场条件不同，建筑物的定位方法也有所不同，常用的定位方法有以下几种。

（1）根据建筑基线定位

如图 9-17 所示，AB 为建筑基线，E、F、G、H 为拟建建筑物外坪轴线的交点。根据基线进行拟建建筑物的定位，测设方法如下。

① 根据建筑总平面图，查得原有建筑和新建建筑与建筑基线的距离均为 d，原有建筑和新建建筑物之间的间距为 c。根据建筑平面图查得拟建新建筑 EG 轴与 FH 轴两轴之间距离为 b，EF 轴与 GH 轴两轴之间距离为 a。新建建筑外墙厚 37cm（即一砖半墙），轴线偏里，离外墙 24cm。

② 如图 9-17 所示，首先用钢尺沿原有建筑的 PM、KN 两外墙各延长一小段距离 d 得 M'、N' 两点（即小线延长法）。用经纬仪检查 M'、N' 两点是否在基线 AB 上，用小木桩标定。

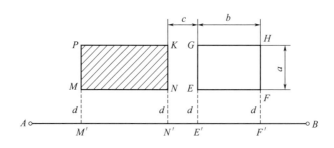

图 9-17　建筑基线定位

③ 将经纬仪安置在 M' 点上，瞄准 N' 点，并从 N' 沿 $M'N'$ 方向测设出 $c+0.240$m 得 E'

点，继续沿 $M'N'$ 方向从 E' 测设距离 b 得 F' 点，$E'F'$ 点均应在基线方向上。

④ 然后将经纬仪分别安置在 E'、F' 两点上，后视 A 点并测设 90°方向，沿方向线分别测设 $d+0.240\text{m}$ 得 E、F 两点，再继续沿方向线分别测设距离 a 得 H、G 两点。E、F、G、H 四点即为新建建筑外墙定位轴线的交点，用小木桩标定。

⑤ 检查 EF、GH 的距离是否等于 b，四个角是否等于 90°。误差在 1/5000（相对误差）和 1′之内即可。

（2）根据建筑方格网定位

在建筑场地内布设有建筑方格网时，可根据附近方格网点和建筑物角点的设计坐标用直角坐标法测设建筑物的轴线位置。

如图 9-18 所示，$MNQP$ 为建筑方格网，根据 MN 这条边进行建筑物 $ABCD$ 的定位放线，测设方法如下。

① 在施工总平面图上查得 A、D 点坐标，计算出 $MA'=20\text{m}$，$AA'=20\text{m}$，$AC=15\text{m}$，$AB=60\text{m}$。

② 用直角坐标法测设 A、B、C、D 四角点。

③ 用经纬仪检查四角是否等于 90°，误差不得超过 $\pm1'$；用钢尺检查放出建筑物的边长，相对误差不得超过 1/5000。

（3）根据建筑红线定位

由规划部门确定，经实地标定具法律效用，在总平面图上以红线画出的建筑用地边界线，称为建筑红线。建筑红线一般与道路中心线相平行。如图 9-19 中，Ⅰ、Ⅱ、Ⅲ 三点为实地标定的场地边界点，其边线Ⅰ—Ⅱ，Ⅱ—Ⅲ 称为建筑红线。

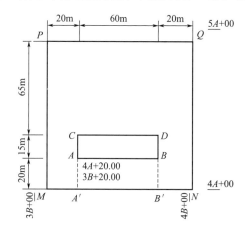

图 9-18　建筑方格网定位

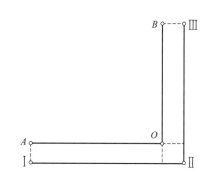

图 9-19　建筑红线定位

建筑物的主轴线 AO、OB 和建筑红线平行或垂直，所以根据建筑红线用直角坐标法来测设主轴线 AOB 就比较方便。当 A、O、B 三点在实地标定后，应在 O 点安置经纬仪，检查 $\angle AOB$ 是否等于 90°。OA、OB 的长度也要实量检验，使其在容许误差内。

施工单位放线人员在施工前应对城市勘察（土地部门）负责测设的桩点位置及坐标进行校核，正确无误后才可以根据建筑红线进行建筑物主轴线的测设。

（4）根据与原有建筑物和道路的关系定位

如果设计图上只给出新建建筑物与附近原有建筑物或道路的相互关系，而没有提供建筑物定位点的坐标，周围又没有测量控制点、建筑方格网和建筑基线可供利用，可根据原有建筑物的边线或道路中心线将新建建筑物的定位点测设出来。

具体测设方法随实际情况的不同而不同，但基本过程是一致的，下面分两种情况说明具体测设的方法。

① 根据与原有建筑物的关系定位　如图 9-20 所示，拟建建筑物的外墙边线与原有建筑物的外墙边线在同一条直线上，两栋建筑物的间距为 10m，拟建建筑物长轴为 40m，短轴为 18m，轴线与外墙边线间距为 0.12m，可按下述方法测设其四个轴线的交点，如图 9-21 所示。

P_4
P_3
18
P_1
40
P_2
2
2
10+0.12
2+0.12
2+0.12
M_1
M_2
M_3
40
M_4

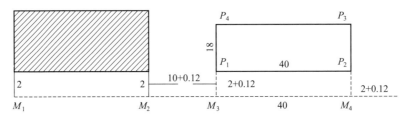

图 9-20　根据与原有建筑物的关系定位（单位：m）

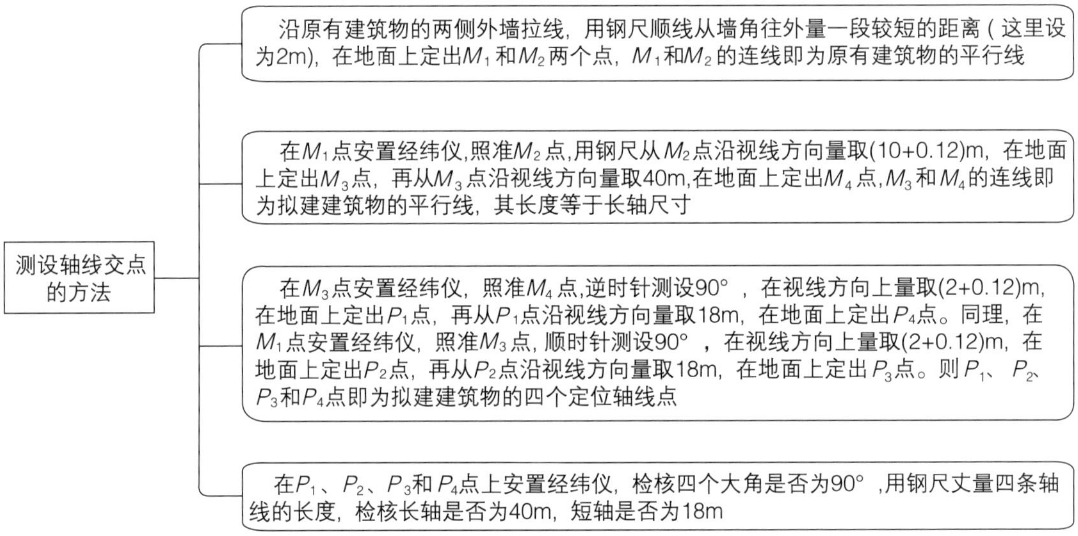

测设轴线交点的方法
沿原有建筑物的两侧外墙拉线，用钢尺顺线从墙角往外量一段较短的距离（这里设为2m），在地面上定出M_1和M_2两个点，M_1和M_2的连线即为原有建筑物的平行线
在M_1点安置经纬仪，照准M_2点，用钢尺从M_2点沿视线方向量取(10+0.12)m，在地面上定出M_3点，再从M_3点沿视线方向量取40m，在地面上定出M_4点，M_3和M_4的连线即为拟建建筑物的平行线，其长度等于长轴尺寸
在M_3点安置经纬仪，照准M_4点，逆时针测设90°，在视线方向上量取(2+0.12)m，在地面上定出P_1点，再从P_1点沿视线方向量取18m，在地面上定出P_4点。同理，在M_1点安置经纬仪，照准M_3点，顺时针测设90°，在视线方向上量取(2+0.12)m，在地面上定出P_2点，再从P_2点沿视线方向量取18m，在地面上定出P_3点。则P_1、P_2、P_3和P_4点即为拟建建筑物的四个定位轴线点
在P_1、P_2、P_3和P_4点上安置经纬仪，检核四个大角是否为90°，用钢尺丈量四条轴线的长度，检核长轴是否为40m，短轴是否为18m

图 9-21　测设轴线交点的方法

② 根据与原有道路的关系定位

如图 9-22 所示，拟建建筑物的轴线与道路中心线平行，轴线与道路中心线的距离见图示，测设方法如图 9-23 所示。

（5）根据测量控制点定位

当建筑物附近有导线点、三角点等测量控制点时，可根据控制点和建筑物各角点的设计坐标用极坐标法、角度交会法或距离交会法测设建筑物定位点。在这三种方法中，极坐标法是用得最多的一种定位方法。

2. 建筑物的放线

建筑物的放线是指根据现场已测设好的建筑物定位点，详细测设其他各轴线交点的位置，并将其延长到安全的地方，做好标志；然后以细部轴线为依据，按基础宽度和放坡要求用白灰撒出基础开挖边线。放样方法如下。

C4
T3
P4
P3
20
16
T1
P1
50
P2
T2
C3
T4
12
C1
C2
O

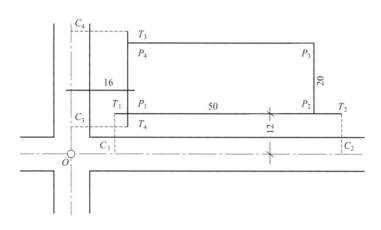

图 9-22 根据与原有道路的关系定位（单位：m）

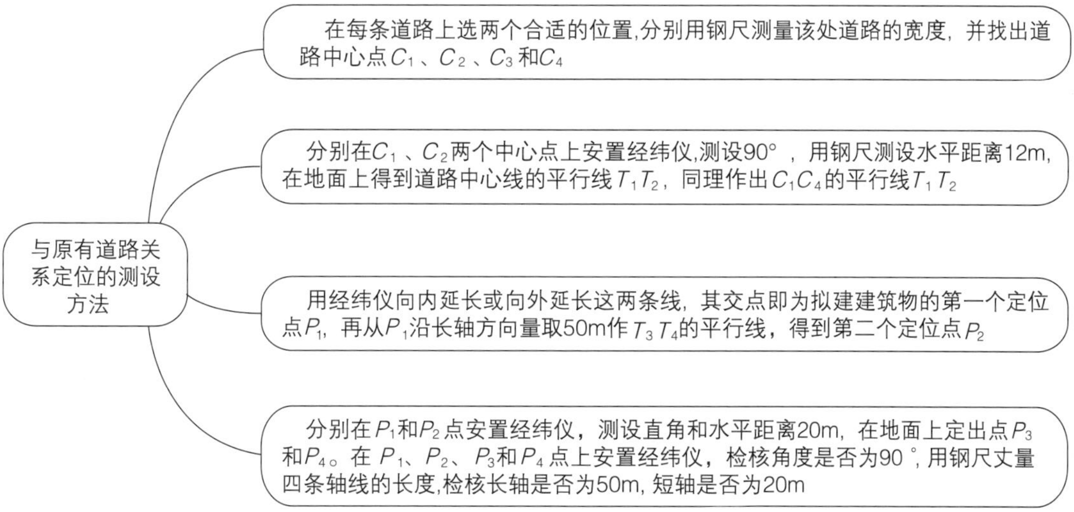

与原有道路关系定位的测设方法
在每条道路上选两个合适的位置,分别用钢尺测量该处道路的宽度，并找出道路中心点C1、C2、C3和C4
分别在C1、C2两个中心点上安置经纬仪,测设90°，用钢尺测设水平距离12m,在地面上得到道路中心线的平行线T1T2，同理作出C1C4的平行线T1T2
用经纬仪向内延长或向外延长这两条线，其交点即为拟建建筑物的第一个定位点P1，再从P1沿长轴方向量取50m作T3T4的平行线，得到第二个定位点P2
分别在P1和P2点安置经纬仪，测设直角和水平距离20m，在地面上定出点P3和P4。在P1、P2、P3和P4点上安置经纬仪，检核角度是否为90°,用钢尺丈量四条轴线的长度,检核长轴是否为50m，短轴是否为20m

图 9-23 与原有道路关系定位的测设方法

（1）测设细部轴线交点

如图 9-24 所示，A 轴、E 轴、①轴和⑦轴是四条建筑物的外墙主轴线，其轴线交点 A_1、A_7、E_1 和 E_7 是建筑物的定位点，这些定位点已在地面上测设完毕，各主次轴线间隔如图 9-24 所示，现欲测设各次要轴线与主轴线的交点。

在 A_1 点安置经纬仪，照准 A_7 点，把钢尺的零端对准 A_1 点，沿视线方向拉钢尺，在钢尺上读数等于①轴和②轴间距（4.2m）的地方打下木桩，打的过程中要经常用仪器检查桩顶是否偏离视线方向，钢尺读数是否还在桩顶上，如有偏移要及时调整。打好桩后，用经纬仪视线指挥在桩顶上画一条纵线，再拉好钢尺，在读数等于轴间距处画一条横线，两线交点即 A 轴与②轴的交点 A_2。

在测设 A 轴与③轴的交点 A_3 时，方法同上，注意仍然要将钢尺的零端对准 A_1 点，并沿视线方向拉钢尺，而钢尺读数应为①轴和③轴间距（8.4m），这种做法可以减小钢尺对点误差，避免轴线总长度增长或减短。如此依次测设 A 轴与其他有关轴线的交点。测设完最后一个交点后，用钢尺检查各相邻轴线桩的间距是否等于设计值，相对误差应小于 1/3000。测设完 A 轴上的轴线点后，用同样的方法测设 E 轴、①轴和⑦轴上的轴线点。

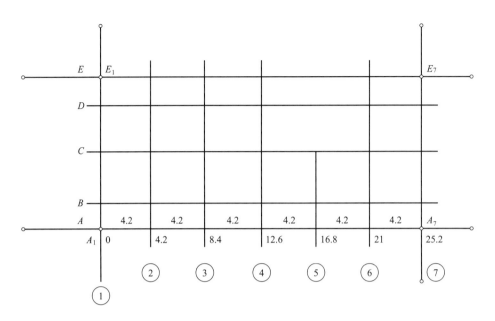

图 9-24　测设细部轴线交点

（2）引测轴线

在基槽或基坑开挖时，定位桩和细部轴线桩均会被挖掉，为了使开挖后各阶段施工能准确地恢复各轴线位置，应把各轴线延长到开挖范围以外的地方并做好标志，这个工作称为引测轴线，常用的方法有以下几种。

① 设置龙门板

a. 如图 9-25 所示，在建筑物四角和中间隔墙的两端，距基槽边线 1～2m 以外，竖直牢固钉设的大木桩，称为龙门桩，并使桩的外侧面平行于基槽。

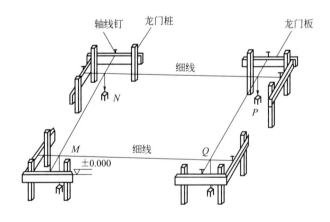

图 9-25　龙门桩与龙门板

b. 根据附近水准点，用水准仪将±0.000 标高测设在每个龙门桩的外侧上，并画出横线标志。如果现场条件不允许，也可测设比±0.000 高或低一定数值的标高线。同一建筑物最好只用一个标高，如因地形起伏大用两个标高时，一定要标注清楚，以防使用时发生错误。

c. 在相邻两龙门桩上钉设木板，称为龙门板，龙门板的上沿应和龙门桩上的横线对齐，使龙门板的顶面标高在一个水平面上，并且标高为±0.000，或比±0.000高或低一定的数值，龙门板顶面标高的误差应在±5mm以内。

d. 根据轴线桩，用经纬仪将各轴线投测到龙门板的顶面，并钉上小钉作为轴线标志，此小钉也称为轴线钉，投测误差应在±5mm以内。如果建筑物较小，也不用垂球对焦点位中心，在轴线两端龙门板间拉一小线使其紧贴垂球线，用这种方法将轴线延长标定在龙门板上并做好标记。

e. 用钢尺沿龙门板顶面检查轴线钉的间距，其相对误差不应超过1/3000。恢复轴线时，将经纬仪安置在一个轴线钉上方，照准相应的另一个轴线钉，其视线即为轴线方向，往下转动望远镜，便可将轴线投测到基槽或基坑内。

② 轴线控制桩 由于龙门板需要较多木料，而且占用场地，使用机械开挖时容易被破坏，因此也可以在基槽或基坑外各轴线的延长线上测设轴线控制桩，作为以后恢复轴线的依据。即使采用了龙门板，为了防止被碰动，对主要轴线也应测设轴线控制桩。

③ 测设拟建建筑物的轴线到已有建筑物的墙脚上 在高层建筑物施工中，为便于向上投点，应在离拟建建筑物较远的地方测设轴线控制桩，如附近已有建筑物，最好把轴线投测到建筑物的墙脚或基础顶面上，并用+0.000标高引测到墙面上，用红油漆做好标志，以代替轴线控制桩。

轴线控制桩一般设在开挖边线4m以外的地方，并用水泥砂浆加固。最好是附近有固定建筑物和构筑物，这时应将轴线投测在这些物体上，使轴线更容易得到保护，以便今后能安置经纬仪来恢复轴线。

轴线控制桩的引测主要采用经纬仪法，当引测到较远的地方时，要注意采用盘左和盘右两次投测取中数法来引测，以减少引测误差和避免错误的出现。

（3）撒开挖边线

如图9-26所示，先按基础剖面图给出的设计尺寸计算基槽的开挖宽度2d，其计算公式为

$$d = B + mh \tag{9-4}$$

式中 B——基底宽度，可由基础剖面图中查取；

h——基槽深度；

m——边坡坡度的分母。

根据计算结果，在地面上以轴线为中线往两边各量出d，拉线并撒上白灰，即为开挖边线。

如果是基坑开挖，则只需按最外围墙体基础的宽度、深度及放坡确定开挖边线。

四、 建筑基础施工测量

1. 基础开挖深度的控制

如图9-27所示，为了控制基槽开挖深度，当基槽挖到接近槽底设计高程时，应在槽壁上测设一些水平桩，使水平桩的上表面离槽底设计高程为某一整分米数（例如5dm），用以控制挖槽深度，也可作为槽底清理和打基础垫层时掌握标高的依据。一般在基槽各拐角处、深度变化处和基槽壁上每隔3~4m测设一个水平桩，然后拉上白线，线下0.50m即为槽底设计高程。

测设水平桩时，以画在龙门板或周围固定地物的±0.000标高线为已知高程点，用水准仪进行测设。小型建筑物也可用连通水管法进行测设。水平桩上的高程误差应在±10mm

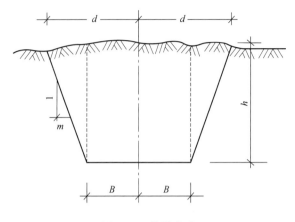

图 9-26　基槽宽度

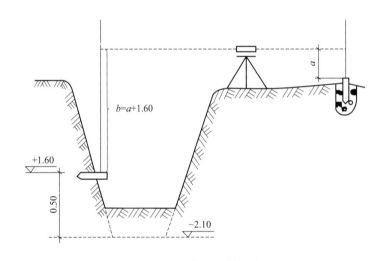

图 9-27　基槽水平桩测设

a—水准仪后视龙门板顶面上的水准尺的读数；*b*—水平桩上的高程

以内。

　　例如，在图 9-27 中，设龙门板顶面标高为±0.000，槽底设计标高为−2.1m，水平桩高于槽底 0.50m，即水平桩高程为−1.6m，用水准仪后视龙门板顶面上的水准尺，读数 $a=1.286$m，则水平桩上标尺的应有读数为：

$$0+1.286-(-1.6)=2.886(\text{m})$$

　　测设时沿槽壁上下移动水准尺，当读数为 2.886m 时，沿尺底水平地将桩打进槽壁，然后检核该桩的标高，如超限便进行调整，直至误差在规定范围以内。

　　垫层面标高的测设可以水平桩为依据在槽壁上弹线，也可在槽底打入垂直桩，使桩顶标高等于垫层面的标高。如果垫层需安装模板，可以直接在模板上弹出垫层面的标高线。

　　如果是机械开挖，一般是一次挖到设计槽底或坑底的标高，因此要在施工现场安置水准仪，边挖边测，随时指挥挖土机调整挖土深度，使槽底或坑底的标高略高于设计标高（一般为 10cm，留给人工清土）。挖完后，为了给人工清底和打垫层提供标高依据，还应在槽壁或坑壁上打水平桩，水平桩的标高一般为垫层面的标高。

2. 基础垫层标高的控制

如图 9-28 所示，基槽挖至规定标高并清底后，将经纬仪安置在轴线控制桩上，瞄准轴线另一端的控制桩，即可把轴线投测到槽底，作为确定槽底边线的基准线。垫层打好后，用经纬仪或用拉绳挂垂球的方法把轴线投测到垫层上，并用墨线弹出墙中心线和基础边线，以便砌筑基础或安装基础模板。由于整个墙身砌筑均以此线为准，这是确定建筑物位置的关键环节，所以要严格校核后方可进行砌筑施工。

3. 基础标高的控制和弹线

如图 9-29 所示，基础墙（±0.000 以下的砖墙）的标高一般是用基础皮数杆来控制的。基础皮数杆用一根木杆做成，在杆上注明 ±0.000 的位置，按照设计尺寸将砖和灰缝的厚度分皮从上往下一一画出来，此外还应注明防潮层和预留洞口的标高位置。

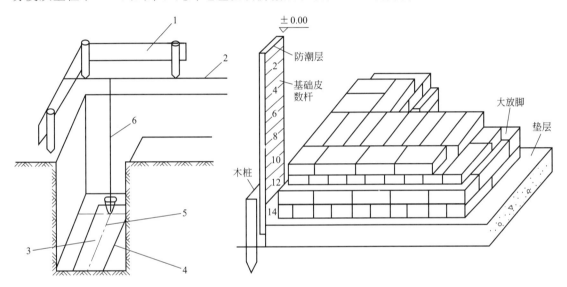

图 9-28　基槽底口和垫层轴线投测
1—龙门板；2—细线；3—垫层；
4—基础边线；5—墙中心线；6—垂球

图 9-29　基础皮数杆

立皮数杆时．可先在立杆处打一个木桩，用水准仪在木桩侧面测设一条高于垫层设计标高某一数值（如 10cm）的水平线，然后将皮数杆上标高相同的一条线与木桩上的水平线对齐，并用大铁钉把皮数杆和木桩钉在一起，作为砌筑基础墙的标高依据。对于采用钢筋混凝土的基础，可用水准仪将设计标高测设于模板上。

基础施工结束后，应检查基础面的标高是否满足设计要求（也可以检查防潮层）。可用水准仪测出基础面上的若干高程，和设计高程相比较，允许误差为 ±10mm。

五、　墙体施工测量

1. 墙体定位

在基础工程结束后，应对龙门板（或控制桩）进行复核，以防移位。复核无误后，可利用龙门板或控制桩将轴线测设到基础或防潮层等部位的侧面，如图 9-30 所示，作为向上投测轴线的依据。同时也把门、窗和其他洞口的边线在外墙立面上画出。放线时先将各主要墙的轴线弹出，经检查无误后，再将其余轴线全部弹出。

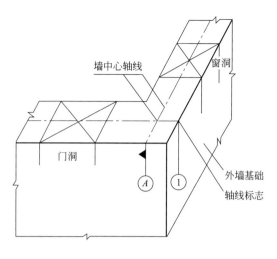

图 9-30 墙体定位

2. 墙体测量控制

（1）皮数杆的设置

在墙体砌筑施工中，墙身各部位的标高和砖缝水平及墙面平整是用皮数杆来控制和传递的。

（2）墙体标高的控制

在墙体砌筑施工中，墙体各部位标高通常用皮数杆来控制。皮数杆是根据建筑物剖面设计尺寸，在每皮砖、灰缝厚度处画出线条，并且标明±0.000标高、门、窗、楼板、过梁、圈梁等构件高度位置的木杆。在墙体施工中，用皮数杆可以控制墙体各部位构件的准确位置，并保证每皮砖灰缝厚度均匀，每皮砖都处在同一水平面上。

皮数杆一般立在建筑物拐角和隔墙处，如图 9-31 所示。立皮数杆时，先在地面上打一木桩，用水准仪测出±0.000标高位置，并画一横线作为标志；然后，把皮数杆上的±0.000线与木桩上±0.000对齐、钉牢。皮数杆钉好后要用水准仪进行检测，并用铅锤校正皮数杆的垂直度。

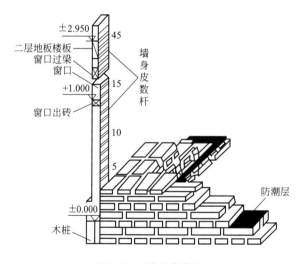

图 9-31 墙身皮数杆

为了施工方便，墙体施工采用里脚手架时，皮数杆应立在墙外侧；采用外脚手架时，皮数杆应立在墙内侧。如砌框架或钢筋混凝土柱间墙时，每层皮数可直接画在构件上，而不立皮数杆。

皮数杆±0.000标高线的允许误差为±3mm。一般在墙体砌起1m后，就在室内墙身上测设出+0.500m的标高线，作为该层地面施工及室内装修的依据，称为"装修线"或"500线"，在第二层以上墙体施工中，为了使同层四角的皮数杆立在同一水平面上，要用水准仪测出楼板面四角的标高，取平均值作为本层的地坪标高，并以此作为本层立皮数杆的依据。

当精度要求较高时，可用钢尺沿墙身自±0.000起向上直接丈量至楼板外侧，确定立皮数杆的标志。

六、 高层建筑施工测量

1. 高层建筑施工测量的特点

在高层建筑工程施工测量中，由于高层建筑的体形大、层数多、高度高、造型多样化、建筑结构复杂、设备和装修标准高，因此，在施工过程中对建筑物各部位的水平位置、轴线尺寸、垂直度和标高的要求都十分严格，特别是在竖直面轴线投测时对施工测量精度的要求极高。为确保施工测量符合精度要求，应事先认真研究和制定测量方案，选用符合精度要求的测量仪器，拟定出各种误差控制和检核措施，以确保放样精度，并密切配合工程进度，以便及时、快速、准确地进行测量放线，为下一步施工提供平面和标高依据。

高层建筑施工测量的工作内容很多，主要介绍建筑物定位、基础施工和轴线投测等几方面的测量工作。

2. 高层建筑施工测量具体工作内容

（1）高层建筑定位测量

① 测设施工控制网　进行高层建筑的定位放线是确定建筑物平面位置和进行基础施工的关键环节，施测时必须保证精度，因此一般采用测设专用的施工方格网来定位。施工方格网的实施，与一般建筑场地上所建立的控制网实施过程一样，首先在建筑总平面布置图上进行设计，然后依据高等级测图点用极坐标法或直角坐标法测设在实地，最后，进行校核调整，保证精度在允许的误差范围内。施工方格网是测设在基坑开挖范围以外一定距离、平行于建筑物主要轴线方向的矩形控制网。

高层建筑施工用地上的高程控制点必须联测到国家水准点上或城市水准点上。一般高层建筑施工场地的高程控制网用三、四等水准测量方法进行施工测量，应把建筑方格网的方格点纳入到高程系统中。

② 测设主轴线控制桩　在施工方格网的四边上，根据建筑物主要轴线与方格网的间距，测设主要轴线的控制桩。测设时要以施工方格网各边的两端控制点为准，用经纬仪定线，用钢尺量距来打桩定点。测设好这些轴线控制桩后，施工时便可方便、准确地在现场确定建筑物的四个主要角点。

除了四廓的轴线外，建筑物的中轴线等重要轴线也应在施工方格网边线上测设出来，与四廓的轴线一起称为施工控制网中的控制线，一般要求控制线的间距为30～50m。控制线的增多可为以后测设细部轴线带来方便，施工方格网控制线的测距相对精度不低于1/10000，测角精度不低于±10″。

如果高层建筑准备采用经纬仪法进行轴线投测，还应把应投测轴线的控制桩往更远处、更安全稳固的地方引测，这些桩与建筑物的距离应大于建筑物的高度，以免用经纬仪投测时仰角太大。

③ 高层建（构）筑物主要轴线的定位和放线　在建筑物放样时，按照建筑物柱列线或轮廓线与主控制轴线的关系，依据场地上的控制轴线逐一定出建筑物的轮廓线。对于目前一些几何图形复杂的建筑物，如S形、椭圆形、扇形、圆筒形、多面体形等，可以使用全站仪采用极坐标法进行定位。具体做法是：通过图纸将设计要素如轮廓坐标、曲线半径、圆心坐标及施工控制网点的坐标等识读清楚，并计算各自的方向角及边长，然后在控制点上安置全站仪（或经纬仪）建立测站，按极坐标法完成各点的实地测设。将所有建筑物轮廓点定出后，再行检查是否满足设计要求。

总之，根据施工场地的具体条件和建筑物几何图形的繁简情况，可以选择最合适的测设方法，完成高层建筑物的轴线定位。

轴线定位之后，即可依据轴线测设各桩位或柱列线上的桩位。

（2）高层建筑基础施工测量

① 桩基础施工测量　采用桩基础的建筑物多为高层建筑，其特点是建筑层数多、高度高、基坑深、结构竖向偏差直接影响工程受力情况，故施工测量中要求竖向投点精度高。高层建筑位于市区，施工场地不宽畅，整幢建筑物可能有几条不平行的轴线，施工测量要根据结构类型、施工方法和场地实际情况采取切实可行的方法进行，并经过校对和复核，以确保无误。

桩的定位：根据建筑物主轴线测设桩基和板桩轴线，其位置的允许偏差为20mm，对于单排桩，则为10mm。沿轴线测设桩位时，纵向（沿轴线方向）偏差不宜大于3cm，横向偏差不宜大于2cm。位于群桩外周边上的桩，测设偏差不得大于桩径或桩边长（方形桩）的1/10；桩群中间的桩则不得大于桩径或边长的1/5。

桩位测设工作必须在恢复后的各轴线检查无误后进行。

桩的排列因建筑物形状和基础结构不同而异。最简单的排列成格网状，此时只要根据轴线精确地测设出格网四个角点，进行加密即可。地下室桩基础是由若干个承台和基础梁连接而成。承台下面是群桩，基础梁下面有的是单排桩，有的是双排桩。承台下群桩的排列有时也会有所不同。测设时一般是按照"先整体，后局部；先外廓，后内部"的顺序进行。

桩顶上做承台，按控制的标高进行，先在桩顶面上弹出轴线，作为支承台模板的依据。

承台浇筑完后，在承台面上弹轴线，并详细放出地下室的墙宽、门洞等位置。地下室施工标高高于地面时，根据轴线控制桩将轴线投测到墙的立面上，同时沿建筑物四周将标高线引测到墙面上。

② 施工后桩位的检测　桩基施工结束后，应根据轴线重新在桩顶上测设出桩的设计位置，并用油漆标明；然后量出桩中心与设计位置的纵、横向两个偏差分量 δ_x、δ_y。若其在允许误差范围内，即可进行下一工序的施工。

③ 深基础施工测量

a. 测设基坑开挖边线。高层建筑一般都有地下室，因此要进行基坑开挖。开挖前，先根据建筑物的轴线控制桩确定角桩以及建筑物的外围边线，再考虑边坡的坡度和基础施工所需工作面的宽度，测设出基坑的开挖边线并撒出灰线。

b. 基坑开挖时的测量工作。高层建筑的基坑一般都很深，需要放坡并进行边坡支护加固，开挖过程中，除了用水准仪控制开挖深度外，还应经常用经纬仪或拉线检查边坡的位置，防止出现坑底边线内收，致使基础位置不够。

c. 基础放线及标高控制。

Ⅰ．基础放线。基坑开挖完成后，有三种情况：一是直接打垫层，然后做箱形基础或筏板基础，这时要求在垫层上测设基础的各条边界线、梁轴线、墙宽线和柱位线等；二是在基坑底部打桩或挖孔，做桩基础，这时要求在坑底测设出各条轴线和桩孔的定位线，桩做完后，还要测设桩承台和承重梁的中心线；三是先做桩，然后在桩上做箱形基础或筏板基础，组成复合基础，这时的测量工作是前两种情况的结合。

测设轴线时，有时为了通视和量距方便，不是测设真正的轴线，而是测设其平行线，这时一定要在现场标注清楚，以免用错。另外，一些基础桩、梁、柱、墙的中线不一定与建筑轴线重合，而是偏移某个尺寸，因此要认真按图施测，防止出错，如图 9-32 所示。

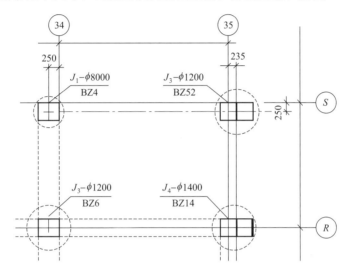

图 9-32　有偏心桩的基础平面图

如果是在垫层上放线，可把有关轴线和边线直接用墨线弹在垫层上，由于基础轴线的位置决定了整个高层建筑的平面位置和尺寸，因此施测时要严格检核，保证精度。如果是在基坑下做桩基，则测设轴线和桩位时，宜在基坑护壁上设立轴线控制桩，以便能保留较长时间，也便于施工时用来复核桩位和测设桩顶上的承台和基础梁等。

从地面往下投测轴线时，一般是用经纬仪投测法。由于俯角较大，为了减小误差，每个轴线点均应盘左、盘右各投测一次，然后取中数。

Ⅱ．基础标高测设。基坑完成后，应及时用水准仪根据地面上的±0.000 水平线将高程引测到坑底，并在基坑护坡的钢板或混凝土桩上做好标高为负的整米数的标高线。由于基坑较深，引测时可多设几站观测，也可用悬吊钢尺代替水准尺进行观测。

（3）高层建筑的轴线投测

随着结构的升高，要将首层轴线逐层往上投测作为施工的依据。此时建筑物主轴线的投测最为重要，因为它们是各层放线和结构垂直度控制的依据。随着高层建筑物设计高度的增加，施工中对竖向偏差的控制要求就越高，轴线竖向投测的精度和方法就必须与其适应，以保证工程质量。

有关规范对于不同结构的高层建筑施工的竖向精度有不同的要求，如表 9-1（H 为建筑总高度）所示。为了保证总的竖向施工误差不超限，层间垂直度测量偏差不应超过 3mm，建筑全高垂直度测量偏差不应超过 $3H/10000$。具体要求如下。

$$30\text{m} < H \leq 60\text{m 时，} \pm 10\text{mm}$$

$$60\mathrm{m}<H\leqslant90\mathrm{m}\ \text{时，}\ \pm15\mathrm{mm}$$

$$90\mathrm{m}<H\ \text{时，}\ \pm20\mathrm{mm}$$

表 9-1　高层建筑竖向及标高施工偏差限差　　　　　　　　单位：mm

结构类型	竖向施工偏差限差		标高偏差限差	
	每层	全高	每层	全高
现浇混凝土	8	$H/1000$(最大 30)	±10	±30
装配式框架	5	$H/1000$(最大 20)	±5	±30
大模板施工	5	$H/1000$(最大 30)	±10	±30
滑模施工	5	$H/1000$(最大 50)	±10	±30

七、 竣工总平面图的绘制

工业与民用建筑工程是根据设计的总平面图进行施工。但是，在施工过程中，可能由于设计时没有考虑到的原因而使设计的位置发生变更，因此工程的竣工位置不可能与设计位置完全一致。此外，在工程竣工投产以后的经营过程中，为了顺利地进行维修，及时消除地下管线的故障，并考虑到为将来建筑的改建或扩建准备充分的资料，一般应编绘竣工总平面图。竣工总平面图及附属资料，也是考查和研究工程质量的依据之一。

编绘竣工总平面图，需要在施工过程中收集一切有关的资料，加以整理，及时进行编绘，为此，在开始施工时即应有所考虑和安排。

1. 竣工总平面图的绘制内容

（1）竣工总平面图的比例尺

竣工总平面图的比例尺，应根据企业的规模大小和工程的密集程度参考如图 9-33 所示规定。

图 9-33　竣工总平面图的比例尺

（2）绘制竣工总平面图图底坐标方格网

为了能长期保存竣工资料，竣工总平面图应采用质量较好的图纸。聚酯薄膜具有坚韧、透明、不易变形等特性，可用作图纸。编绘竣工总平面图，首先要在图纸上精确地绘出坐标方格网。一般使用杠规和比例尺来绘制。坐标格网画好后，应进行检查。用直尺检查有关的交叉点是否在同一直线上；同时用比例直尺量出正方形的边长和对角线长，视其是否与应有的长度相等。图廓之对角线绘制允许偏差为±1mm。

（3）展绘控制点

以图底上绘出的坐标方格网为依据,将施工控制网点按坐标展绘在图上。展点对所邻近的方格而言,其允许偏差为±0.3mm。

(4)展绘设计总平面图

在编绘竣工总平面图之前,应根据坐标格网,先将设计总平面图的图面内容按其设计坐标,用铅笔展绘于图纸上,作为底图。

2. 竣工总平面图的绘制

(1)绘制竣工总平面图的依据

绘制竣工总平面图的依据如图9-34所示。

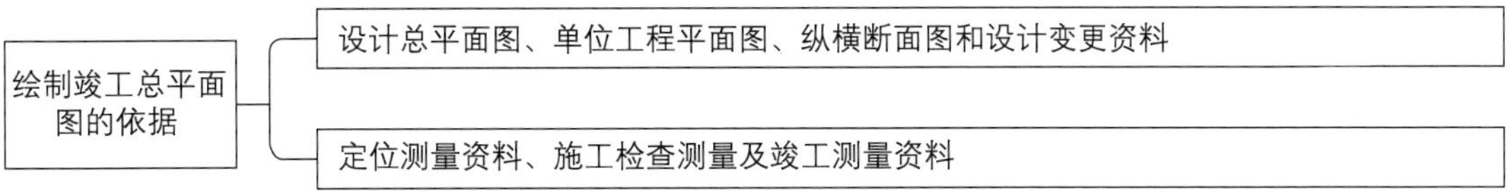

```
┌──────────────┐      ┌────────────────────────────────────────┐
│ 绘制竣工总平面 │──┬──│ 设计总平面图、单位工程平面图、纵横断面图和设计变更资料 │
│   图的依据    │  │  └────────────────────────────────────────┘
└──────────────┘  │  ┌────────────────────────────────────────┐
                  └──│ 定位测量资料、施工检查测量及竣工测量资料        │
                     └────────────────────────────────────────┘
```

图9-34 绘制竣工总平面图的依据

(2)根据设计资料展点成图

凡按设计坐标定位施工的工程,应以测量定位资料为依据,按设计坐标(或相对尺寸)和标高编绘。建筑物和构筑物的拐角、起止点、转折点应根据坐标数据展点成图;对建筑物和构筑物的附属部分,如无设计坐标,可用相对尺寸绘制。若原设计变更,则应根据设计变更资料编绘。

(3)根据竣工测量资料或施工检查测量资料展点成图

在工业与民用建筑施工过程中,在每一个单位工程完成后,应该进行竣工测量,并提出该工程的竣工测量成果。对凡有竣工测量资料的工程,若竣工测量成果与设计值之比差不超过所规定的定位允许偏差时,按设计值编绘;否则应按竣工测量资料编绘。

(4)展绘竣工位置时的要求

根据上述资料编绘成图时,对于厂房应使用黑色墨线绘出该工程的竣工位置,并应在图上注明工程名称、坐标和标高及有关说明。对于各种地上、地下管线,应用各种不同颜色的墨线绘出其中心位置,注明转折点及井位的坐标、高程及有关注明。在一般没有设计变更的情况下,墨线绘的竣工位置与按设计原图用铅笔绘的设计位置应该重合,但坐标及标高数据与设计值比较有的会有微小出入。随着施工的进展,逐渐在底图上将铅笔线都绘成墨线。在图上按坐标展绘工程竣工位置时,和在图底上层绘控制点的要求一样,均以坐标格网为依据进行展绘,展点对邻近的方格而言,其允许偏差为±3mm。

3. 竣工总平面图的附件

为了全面反映竣工成果,便于生产管理、维修和日后企业的扩建或改建,下列与竣工总平面图有关的一切资料,应分类装订成册,作为竣工总平面图的附件保存。竣工总平面图的附件如图9-35所示。

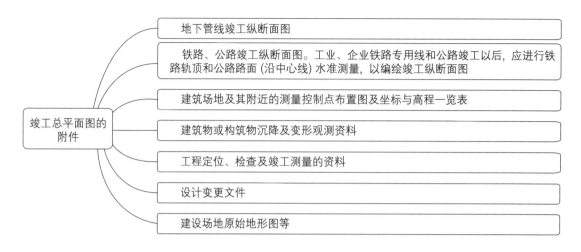

图 9-35　竣工总平面图的附件

施工测量必须遵循"从整体到局部，先控制后细部"的原则。

第二节　工业建筑施工测量

工业建筑主要指工业企业的生产性建筑，如厂房、仓库、运输设施、动力设施等。以生产厂房为主体，厂房可分为单层厂房和多层厂房，目前使用较多的是金属结构及装配式钢筋混凝土结构单层厂房。其施工放样的主要工作包括厂房矩形控制网的测设、厂房柱列轴线的测设、基础施工测量、厂房构件安装测量及设备安装测量等。

一、厂房矩形控制网与柱列轴线的测设

1. 厂房矩形控制网的测设

（1）计算测设数据

根据厂房控制桩 S、P、Q、R 的坐标，计算利用直角坐标法进行测设时所需测设数据。工业厂房一般都应建立厂房矩形控制网，作为厂房施工测设的依据，如图 9-36 所示。

工业建筑施工测量

扫码观看本视频

（2）厂房控制点的测设

① 从 F 点起沿 FE 方向量取 36m，定出 a 点；沿 FG 方向量取 29m，定出 b 点。

② 在 a 与 b 上安置经纬仪，分别瞄准 E 与 F 点，顺时针方向测设 $90°$，得两条视线方向，沿视线方向量取 23m，定出 R、Q 点。再向前量取 21m，定出 S、P 点。

③ 为了便于进行细部的测设，在测设厂房矩形控制网的同时，还应沿控制网测设距离指标桩，距离指标桩的间距一般等于柱子间距的整倍数。

（3）检查

① 检查∠PSR、∠QPS 是否等于 90°，其误差不得超过±10″。

② 检查 SP 是否等于设计长度，其误差不得超过 1/1000。

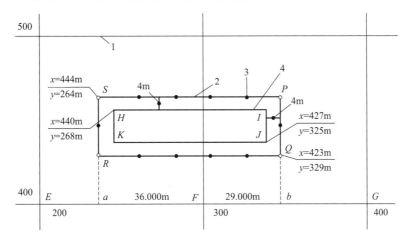

图 9-36 厂房矩形控制网的设置

1—建筑方格网；2—厂房矩形控制网；3—距离指标桩；4—厂房轴线

2. 厂房柱列轴线的测设

厂房矩形控制网建立后，即可按柱列间距和跨距用钢尺从靠近的距离指标桩量起，沿矩形控制网各边定出各柱列轴线桩的位置，并在桩顶钉小钉，作为桩基放样和构件安装的依据。如图 9-37 所示，Ⓐ—Ⓑ、Ⓑ—Ⓑ、①—①、②—②……轴线均为柱列轴线。

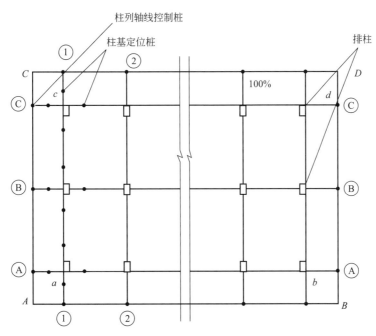

图 9-37 厂房平面示意

二、 基础施工测量

1. 柱基放线

用两架经纬仪分别安置在相应的柱列轴线控制桩上，沿轴线方向交会出各柱基的位置（即定位轴线的交点）；然后按照基础详图（图9-38）的尺寸和基坑放坡宽度，用特制角尺，根据定位轴线和定位点放出基础开挖线，并撒上白灰标明开挖边界；同时在基坑四周的轴线上钉四个定位小木桩，如图9-38所示，桩顶钉一小钉作为修坑和立模的依据。

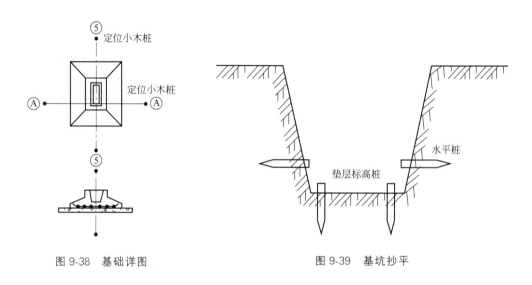

图 9-38 基础详图   图 9-39 基坑抄平

2. 基坑抄平

当基坑挖到一定深度后，再用水准仪在坑壁四周离坑底设计标高0.3~0.5m处测设几个水平桩，如图9-39所示，作为检查坑底标高和打垫层的依据。用水准仪检查，其标高容许误差为±5mm。

3. 基础模板的定位

垫层铺设完后，根据柱基定位桩用拉线的方法，吊垂球把柱基轴线投测到垫层上，再根据桩基的设计尺寸弹墨线，作为柱基立模和布置钢筋的依据。立模时将模板底线对准垫层上的定位线，并用垂球检查模板是否竖直。最后将柱基顶面设计标高测设在模板内壁上，作为浇筑混凝土的依据。

4. 设备基础施工测量

设备基础施工测量主要包括基础定位、基础槽底放线、基础上层放线、地脚螺栓安装放线、中心标板投点等。其中钢柱柱基的定位、槽底放线、垫层放线及标高测设方法与钢筋混凝土柱基的测设方法相同，不同之处是钢柱的锚定地脚螺栓的定位放线精度要求高。

（1）钢柱地脚螺栓定位

① 小型钢柱的地脚螺栓定位 小型设备钢柱的地脚螺栓的直径小、重量轻，可用木支架来定位，如图9-40所示。木支架装在基础模板上。根据基础龙门板或引桩，先在垫层上确定轴线位置，再根据设计尺寸放出模板内口的位置，弹出墨线，再立模。地脚螺栓按设

计位置，先安装在支架上，再根据龙门板或引桩在模板上放样出基础轴线及支架板的轴线位置，然后安装支架板，地脚螺栓即可按设计要求就位。

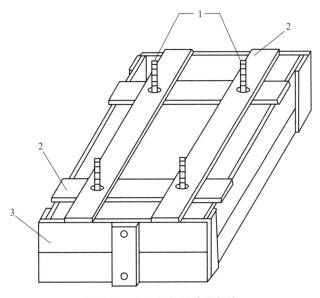

图 9-40 小型钢柱的地脚螺栓

1—地脚螺栓；2—支架；3—基础模板

② 大型钢柱的地脚螺栓定位 大型设备钢柱的地脚螺栓直径大、重量重，需用钢固定支架来定位，如图 9-41 所示。固定架由钢样模、钢支架及钢拉杆组成。地脚螺栓孔的位置按设计尺寸根据基础轴线精密放出，用经纬仪精密测设安装钢支架和样模，使样模轴线与基础轴线相重合，如图 9-42 所示。样模标高用水准仪测设到支架上，使样模上的地脚螺栓位置及标高均符合设计要求。钢固定架安装到位后，即可立模浇筑基础混凝土。

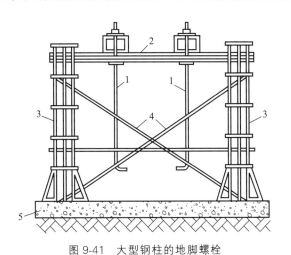

图 9-41 大型钢柱的地脚螺栓

1—地脚螺栓；2—样模铝架；3—钢支架；4—拉杆；5—混凝土垫层

（2）中心标板投点

中心标板投点，是在基础拆模后进行的，先仔细检查中心线原点，投点时，根据厂房控制网上的中心线原点开始，测设后在标板上刻出十字标线。

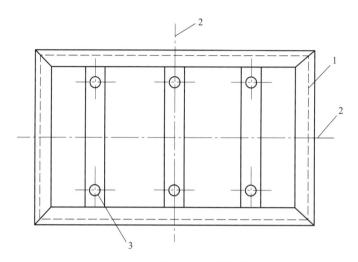

图 9-42　样模上的地脚螺栓

1—样模钢梁；2—基础轴线；3—地脚螺栓孔

三、 厂房构件安装测量

装配式单层厂房主要由柱子、吊车梁、屋梁、天窗架和屋面板等主要构件组成。一般工业厂房都采用预制构件在现场安装的办法施工。下面着重介绍柱子、吊车梁和吊车轨道等构件在安装时的校正工作。

1. 柱子的安装测量

（1）柱子安装时应满足的要求

① 柱子中心线应与相应柱列轴线一致，其允许偏差为±5mm。

② 牛腿顶面及柱顶面的标高与设计标高一致，其允许偏差为：

a. 柱高在 5m 以下时为±5mm。

b. 柱高在 5m 以上时为±8mm。

③ 柱身垂直允许偏差值为 1/1000 柱高，但不得大于 20mm。

（2）安装前的准备工作

① 柱基弹线　柱子安装前，先根据轴线控制桩，把定位轴线投测到杯形基础顶面上，并用红油漆画上"▶"标志，作为柱子中心的定位线，如图 9-43 所示。同时用水准仪在杯口内壁测设−0.6m 标高线（一般杯口顶面标高为−0.50m），并画出"▼"标志（图 9-43），作为杯底找平的依据。

② 弹柱子中心线和标高线　如图 9-44 所示，在每根柱子的三个侧面上弹出柱中心线，并在每条线的上端和下端近杯口处画"▶"标志。并根据牛腿面设计标高，从牛腿面向下用钢尺量出±0.000 及−0.60m 标高线，并画"▼"标志。

③ 杯底找平　柱子在预制时，由于制作误差可能使柱子的实际长度与设计尺寸不相同，在浇筑杯底时使其低于设计高程 3～5cm。柱子安装前，先量出柱−0.60m 标高线至柱底面的高度，再在相应柱基杯口内，量出−0.60m 标高线至杯底的高度，并进行比较，以确定杯底找平层厚度。然后用 1∶2 水泥砂浆在杯底进行找平，使牛腿面符合设计高程。

（3）柱子安装测量的具体工作

柱子安装测量的目的是保证柱子的平面和高程位置符合设计要求，保证柱身竖直。

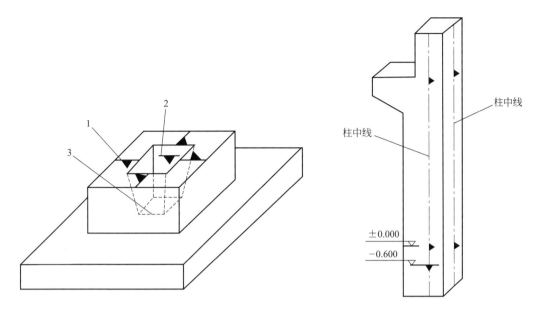

图 9-43 柱基弹线
1—柱中心线；2—标高线；3—杯底

图 9-44 弹柱子中心线和标高线

　　柱子吊起插入杯口后，使柱脚中心线与杯口顶面弹出的柱轴线（柱中心线）在两个互相垂直的方向上同时对齐，用硬木楔或钢楔暂时固定，如有偏差可用锤敲打楔子校正，其容许偏差为±5mm。然后，用两台经纬仪分别安置在互相垂直的两条柱列轴线上，在离柱子距离约为柱高的 1.5 倍处同时观测，如图 9-45 所示。观测时，经纬仪先照准柱子底部的中心线，固定照准部，逐渐仰起望远镜，使柱中线始终与望远镜十字丝竖丝重合，则柱子在此方向是竖直的；若不重合，则应调整柱子直至互相垂直的两个方向都符合要求为止。

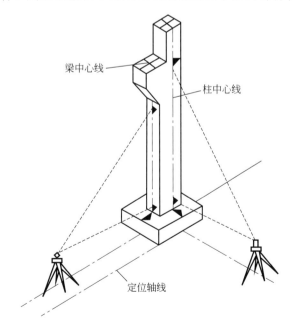

图 9-45 柱子的安装测量

　　实际安装时，一般是一次把许多根柱子都竖起来，然后进行竖直校正。这时可把两台经纬仪分别安置在纵横轴线的一侧，偏离轴线不超过 $15°$，一次校正几根柱子，如图 9-46 所示。

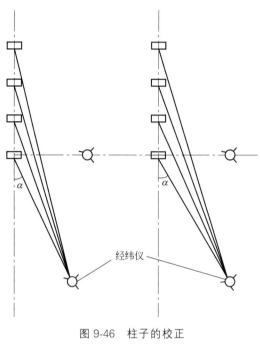

图 9-46　柱子的校正

α—经纬仪偏离柱中心线的角度

（4）柱子校正的注意事项

柱子校正的注意事项如图 9-47 所示。

柱子校正的注意事项

- 校正前经纬仪应严格检验校正。操作时还应注意使照准部水准管气泡严格居中；校正柱子竖直时只用盘左或盘右观测

- 柱子在两个方向的垂直度都校正好后，应再复查柱子下部的中心线是否仍对准基础的轴线

- 在校正变截面的柱子时，经纬仪必须安置在柱列轴线上，以免产生差错

- 当气温较高时，在日照下校正柱子垂直度时，应考虑日照使柱子向阴面弯曲而使柱顶产生位移的影响。因此，在垂直度要求较高、温度较高、柱身较高时，应利用早晨或阴天进行校正，或在日照下先检查早晨校正过的柱子垂直偏差值，然后按此值对所校正柱子预留偏差校正

图 9-47　柱子校正的注意事项

2. 吊车梁的安装测量

吊车梁的安装测量主要是保证梁的上、下中心线与吊车轨道的设计中心在同一竖直面内以及梁面标高符合设计标高。

（1）安装前的测量工作

① 弹出吊车梁中心线　根据预制好的钢筋混凝土梁的尺寸，在吊车梁预向和梁的两端弹出中心线，作为安装时定位用。

② 在牛腿面上弹测梁中心线　根据厂房控制网的中心线 A_1—A_1 和厂房中心线到吊车

梁中心线的距离 d，在 A_1 点安置经纬仪测设吊车梁中心线 $A'—A'$ 和 $B'—B'$（也是吊车轨道中心线），如图 9-48（a）所示。然后分别安置经纬仪于 A' 和 B'，后视另一端 A' 和 B'，仰起望远镜将吊车梁中心线投测到每个柱子的牛腿面上并弹以墨线。投点时如有个别牛腿不通视，可从牛腿面向下吊垂球的方法投测。

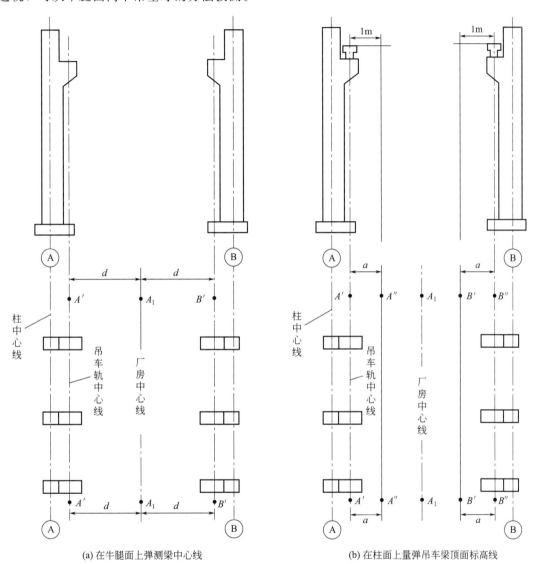

(a) 在牛腿面上弹测梁中心线　　　　　　　(b) 在柱面上量弹吊车梁顶面标高线

图 9-48　吊车梁安装测量

③ 在柱面上量弹吊车梁顶面标高线　根据柱子上±0.000 标高线，用钢尺沿柱子侧面向上量出吊车梁顶面设计标高线，作为修整梁面时控制梁面标高用。

（2）安装测量工作

① 定位测量　安装时使吊车梁两个端面的中心线分别与牛腿面上的梁中心线对齐。可以两端为准拉上钢丝，钢丝两端各悬重物将钢丝拉紧，并以此线对准，校正中间各吊车梁的轴线，使每个吊车梁中心线均在钢丝这条直线上，其允许误差为±3mm。

② 标高检测　当吊车梁就位后，应按柱面上定出的标高线对梁面进行修整，若梁面与牛腿面间有空隙应做填实处理，用斜垫铁固定。然后将水准仪安置于吊车梁上，以柱面上定

出的梁面设计标高为准，检测梁面的标高是否符合设计要求，其允许误差为 5mm。

3. 吊车轨道的安装测量

吊车轨道的安装测量主要是保证轨道中心线、轨顶标高以及轨道跨距符合设计要求。

（1）吊车轨道中心线的测量

通常采用平行线测定轨道中心线。如图 9-48（b）所示，垂直 $A'—A'$ 和 $B'—B'$ 向厂房中心线方向移动长度为 a（如 1.00m）以得 A''、B'' 点，将经纬仪安置在一端点 A'' 和 B''，照准另一端点 A'' 和 B''，抬高望远镜瞄准吊车梁上横放的 1m 长木尺，当尺上 1m 分划线与视线对齐时，沿木尺另一端点在梁上画线，即为轨道中心线，如图 9-49 所示。

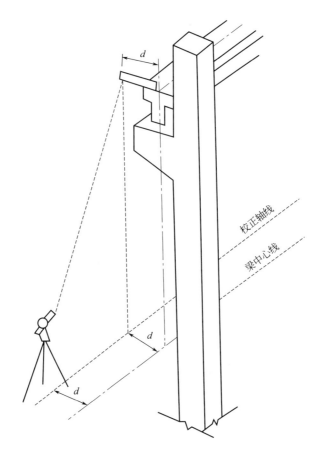

图 9-49　吊车轨道安装测量

（2）吊车轨道标高测量

在轨道安装前，应该用水准仪检查吊车梁顶面标高，以便沿中线安装轨道垫板，垫板厚度应根据梁面的实测标高与设计标高之差确定，使其符合安装轨道的要求，垫板标高的测量容许误差为 ±2mm。

（3）吊车轨道检测

轨道安装完毕后，应对轨道中心线、轨顶标高及跨距进行一次全面检查，以保证能安全架设和使用吊车。其检查方法如图 9-50 所示。

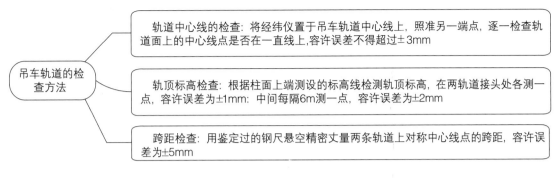

图 9-50 吊车轨道的检查方法

4. 屋架的安装测量

（1）柱顶找平

屋架是搁在柱顶上的，在屋架安装之前，必须根据柱面上±0.000标高线找平柱顶，屋架才能安装齐平。

（2）屋架弹线

图 9-51 所示为预应力折线形屋架。屋架弹线的内容包括跨度轴线弹线、中线弹线及节点安装线弹线等。

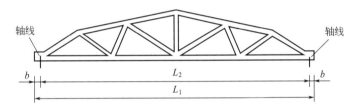

图 9-51 预应力折线形屋架

① 跨度轴线弹线 跨度轴线弹线的目的是便于与柱顶安装线相一致。当屋架两端构造相同时，先量出屋架下弦的全长 L_1，则屋架轴线至屋架端头的距离 b 为

$$b = \frac{1}{2}(L_1 - L_2)$$

式中 b——屋架轴线至屋架端头的距离；

L_1——屋架下弦的全长；

L_2——屋架轴线长度。

从屋架端头分别向中间量取 b，即为屋架轴线位置。

② 中线弹线 屋架应在两端立面和上弦顶面标出中线，量尺时可按屋架截面实际宽度取中，再将各中点连线，沿端头及一上弦弹出通长中线，作为搭接屋面板和垂直校正的依据。当屋架有局部侧向翘曲时，应按设计尺寸取直弹线，以保证屋架平面的正确位置。

③ 节点安装弹线 节点安装弹线指的是与屋架侧面相连接的垂直支撑、水平系杆、天窗架、大型板等构件的安装线，垂直支撑、水平系杆等是与屋架侧面相连接的构件，其安装线是以屋架两端跨度轴线为依据，向中间量尺划分，并标在屋架侧面。天窗架、大型屋面板等是与屋架上弦顶面相连接的构件，其安装弹线可从屋架中央向两端量尺划分，应标在上弦顶面。

为了正确安装屋架及其相应连接构件，宜对屋架进行编号和标出朝向。

（3）屋架的安装校正

① 屋架安装 屋架安装时，要将屋架支座中线（跨度轴线）在纵、横两个方向与柱顶

安装线对齐。为了保证屋架安装精度，屋架对中时也要考虑到柱顶位移，像吊车梁纠正柱子位移的方法一样，把柱顶安装线（或中线）的偏差纠正过来。

屋架安装后，对混凝土屋架，其下弦中心线对定位轴线的允许偏差为5mm。

② 屋架垂直度的检查与校正　屋架垂直度的允许偏差不大于屋架高度的1/250，其检查校正方法有垂线法、经纬仪校正法及吊弹尺校正法等。下面简单介绍经纬仪校正法的具体做法。

如图9-52所示，在地面上作厂房柱横轴中线平行线 AB，将经纬仪安置于 A 点，照准 B 点，抬高望远镜，一人在屋架上 B' 端持木尺水平伸向观侧方向，将尺零端与观测视线对齐，在屋架中线位置读出尺的读数，即视线至屋架中线的距离设为500mm。再抬高望远镜，照准屋架上另一端 A' 处，也在 A' 处持水平尺伸向观测视线方向，将尺的零端与视线对齐，设读出视线至屋架线的距离为560mm，则两端读数平均值为$(500+560)/2=530(\text{mm})$。

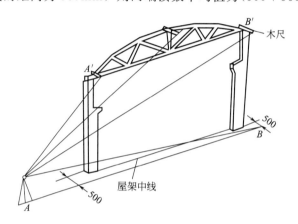

图9-52　屋架的安装校正

一人在屋架上弦中央位置持尺，将尺的530mm对齐屋架中线，纵转望远镜再观测木尺，若尺的零端与视线对齐，则表示屋架垂直；否则，应摆动上弦，直至尺的零端与视线对齐为止。此法检查校正精度高，适用于大跨度屋架的校正。该方法受风力干扰小，但易受场地限制。

5. 刚架的安装测量

（1）刚架的弹线方法

门式刚架是梁柱一体的构件，有双铰、三铰等形式，如图9-53所示。柱子部分和悬臂部分都是变截面，一般是预制成两个"厂"字形，吊装后进行拼接。刚架柱子部分应在三个侧面弹出线，悬臂部分应在顶面和顶端弹出中线，要从刚架铰接中心向两侧量尺标出屋面板等构件的节点安装线。对特殊型号的刚架要标出轴线标号。

（2）刚架安装校正

门式刚架重点是校正横轴的垂直度，并保证悬臂拼接后中线连线的水平投影在一条直线上。图9-54所示为刚架安装校正示意。

刚架立好后要进行校正。校正时，将经纬仪安置在中线控制柱 A 点，对中、整平，照准刚架底部下线（D）后，仰视刚架柱上部中线（B），再观测刚架悬臂顶端中线（C）处，若它们都与视线重合，则表示刚架垂直。若 B 处与 C 处中线偏离视线，需校正刚架使 B、C 处中线与视线重合。如果经纬仪安置在 A 点有困难，可采用平行线法，从 A 点先平移一段距离 a，得 A' 点，安置仪器在 A' 点，同时在刚架 C、B、D 处分别横置木尺，使木尺平

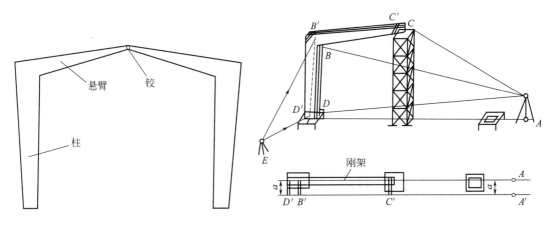

图 9-53 双铰门式刚架　　　　　　图 9-54 刚架安装校正示意

直伸出中线以外的长度等于 a，得 C'、B'、D' 点，观测时，视线先瞄准木尺顶端 D'，再仰视木尺顶端 B'、C'，若木尺顶端 B'、C' 与视线重合，则表示刚架垂直。

为了提高校正精度，采用正倒镜取中法进行校正。此外。还应在 E 点安置仪器，校正刚架的柱子是否垂直。

6. 设备的安装测量

（1）设备基础中心线的复测与调整

设备基础安装过程中必须对基础中心线的位置进行复测，两次测量的偏差不应大于 $\pm 5\text{mm}$。

埋设有中心标板的重要设备基础，其中心线由竣工中心线引测，同一中心标点的偏差为 $\pm 1\text{mm}$。纵横中心线应检查互相是否垂直，并调整横向中心线，同一设备基准中心线的平行偏差或同一生产系统的中心线的直线度应在 $\pm 1\text{mm}$ 以内。

（2）设备安装基准点的高程测量

一般厂房应使用一个水准点作为高程起算点，如果厂房较大，为施工方便起见，可增设水准点，但应提高水准点的观测精度。一般设备基础基准点的标高偏差应在 $\pm 2\text{mm}$ 以内。与传动装置有联系的设备基础，其相邻两基准点的标高偏差应在 $\pm 1\text{mm}$ 以内。

四、 钢结构施工测量

目前的高层建筑除了常用的钢筋混凝土结构外，也大批量地采用钢结构来建造，尤其是高层钢结构建筑具有自重轻、有效空间大、抗震性能好、施工进度快的特点，钢结构建筑在建筑领域扮演着越来越重要的角色。

高层钢结构建筑与传统建筑结构的施工测量相比，有如图 9-55 所示几个特点。

1. 钢结构安装精度要求

高层钢结构建筑技术复杂，施工难度较大，测量应紧随施工安装工艺流程变更作业方法和手段，为有条不紊地开展测量工作，施工前应编制详细的《钢结构施工测量方案》。方案应根据施工流程编制，细化各道工序的测量方法和精度控制。在施工中，安装工序一般是从中央向四周扩展，以减少和消除焊接误差。对于筒体结构是先内筒后外筒；对称结构采用位置对称方案安装和焊接；非对称结构按上述原则具体确定。立面流水一般以一节钢柱为单元，每个单元以主梁或钢支撑、带状桁架安装成框架为原则，其次是次梁、楼板及非结构构

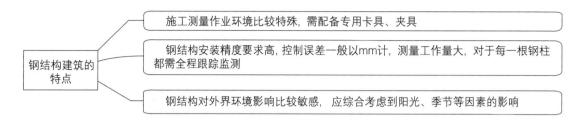

图 9-55　钢结构建筑的特点

件的安装。

钢筋混凝土筒体结构，先浇筒体后施工，在复杂的钢结构工程中除钢构件外还应考虑钢筋混凝土预制构件及外墙板的节点构造，安装顺序是否穿插进行应根据具体情况确定。

钢结构安装允许偏差见表 9-2。

表 9-2　钢结构安装允许偏差

项目类别	项目内容	允许偏差	测量方法
地脚螺栓	钢结构的定位轴线	$L/2000$，且不大于 3mm	钢尺和经纬仪
	钢柱的定位轴线	±1mm	钢尺和经纬仪
	地脚螺栓的位移	±2mm	钢尺和经纬仪
	柱子的底座位移	±3mm	钢尺和经纬仪
	柱底的标高	±2mm	水准仪检查
钢柱	底层柱基准点标高	±2mm	水准仪检查
	同一层各节柱柱顶高差	±5mm	水准仪检查
	底层柱柱底轴线对定位轴线偏移	±3mm	经纬仪和钢尺检查
	上、下连接处错位（位移、扭转）	±3mm	钢尺和直尺检查
	单节柱垂直度	±$H_1/1000$，且不大于 10mm	经纬仪检查
主梁	同一根梁两端顶面高差	±$L/1000$，且不大于 10mm	水准仪检查
次梁	与主梁上表面高差	±2mm	直尺和钢尺检查
主体结构	垂直度（按各节柱的偏差累计计算）	±($H/2500+10$mm），且不大于 50mm	全站仪或激光经纬仪
整体偏差	平面弯曲（按每层偏差累计计算）	±$L/1500$，且不大于 25mm	全站仪或激光经纬仪

注：H 为钢柱和主体结构高度；L 为梁长；H_1 为单节柱高度。

2. 安装测量控制

（1）测量工作流程

测量放线工作流程如图 9-56 所示。

（2）地脚螺栓的预埋定位测量

地脚螺栓的预埋方法一般有两种：一种是一次浇筑法；另一种是预留坑位二次浇筑法。前一种方法要求测量工作人员先布置高精度的方格网，并把各柱中心轴线引测到四周的适当高度，一般超过底板厚度 10cm 左右；后一种方法可待底板浇筑完成初凝后，再重新引测平面控制网及柱中心轴线到各预留坑位的四周。两种方法各有优劣，前者一次浇筑防渗漏效果好，但是地脚螺栓定位后容易在浇筑混凝土过程中发生位移，螺栓定位精度低；后者地脚螺栓定位精度高，但二次浇筑处理不当，容易产生渗漏。

（3）钢柱轴线位置的标定

不论是核心筒的钢柱还是外框架的钢柱，都必须在吊装前标定每一钢柱的几何中心，吊装后标定其柱轴线的准确位置（钢针刻划），作为测控该节钢柱垂直度的依据。

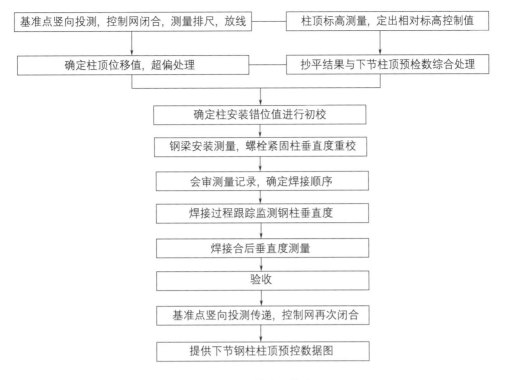

图 9-56　测量放线工作流程

（4）柱顶放线

利用投测点，运用全站仪或 J_2 经纬仪进行排尺放线。柱顶轴线放样应在钢柱柱头的四个面标示出来，既方便施工中监测，又便于推算钢柱的扭转值。

（5）安装检测

钢结构安装精度的控制以钢柱为主。钢柱在自由状态校正时，垂直度偏差应校正到 0。钢梁安装时还应监测钢柱垂直度的变化，单节柱的垂直度偏差应小于 $H/1000$（H 为柱的垂直高度），且不大于 10mm，在监控时，应预留梁柱节点焊接收缩量，以免焊后钢柱垂直度因焊接变形而超标。

（6）钢柱焊接过程中的跟踪测量

在每节钢柱吊装就位后，通过初校使单节柱垂直度达到要求，同时尽可能地使整体垂直度偏小，然后进行焊接。在焊接过程中，钢柱的垂直度必然会发生变化，这时需要采用经纬仪进行跟踪来测定其变化情况，并以此指导焊接。

 有话说

垂直度超标有两种原因：一种原因是钢梁制作尺寸有问题；另一种原因是放线有误差，应针对不同情况进行处理。梁柱节点焊接收缩量应视钢梁翼缘板厚而定，一般为 1～2mm。同样，钢柱标高控制时也应预留焊接收缩量。在钢梁安装中，钢梁安装时的水平度应不大于梁长的1/1000，并且不得大于 10mm。在同一节构件所有节点高强螺栓初拧完后，应对所有钢柱的垂直度再次测量。所有节点焊接完后应做最终测量，测量数据应形成交工记录。

第三节 管道与道路施工测量

一、 管道施工测量

管道与道路施工测量

扫码观看本视频

在城镇建设中要敷设给水、排水、煤气、电力、电信、热力、输油等各种管道。管道施工测量多属地下构筑物，在较大的城镇街道及厂矿地区，管道间上下穿插、纵横交错。在测量或施工中如果出现差错，往往会造成很大损失。所以，测量工作必须采用城镇或厂矿的统一坐标和高程系统，按照"从整体到局部，先控制后碎部"的工作程序和步步有校核的工作方法进行，为施工提供可靠的测量资料和标志。

1. 施工前的测量工作

（1）熟悉图纸和现场情况

应熟悉施工图纸、精度要求、现场情况，找出各主点桩、里程桩和水准点位置并加以检测。拟定测设方法，计算并校核有关测设数据，注意对设计图纸的校核。

（2）施工控制桩的测设

在施工时中桩要被挖掉，为了在施工时控制中线位置，应在不受施工干扰、引测方便、易于保存桩位的地方测设施工控制桩。施工控制桩分中线控制桩和位置控制桩。

① 中线控制桩的测设　一般是在中线的延长线上设置中线控制桩并做好标记，如图 9-57所示。

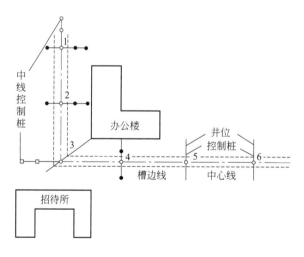

图 9-57　中线控制桩的测设

② 附属构筑物（如检查井）位置控制桩的测设　一般是在垂直于中线方向上钉两个木桩。控制桩要钉在槽口外 0.5m 左右，与中线的距离最好是整米数。恢复构筑物时，将两桩用小线连起，则小线与中线的交点即为其中心位置。

当管道直线较长时，可在中线一侧测设一条与其平行的轴线，利用该轴线表示恢复中线和构筑物的位置。

（3）加密水准点

为了在施工中引测高程方便，应在原有水准点之间每 $100\sim150\text{m}$ 增设临时施工水准点。精度要求应符合工程性质和有关规范的规定。

（4）槽口放线

槽口放线的任务是根据设计埋深要求和土质情况、管径大小等计算出开槽宽度，并在地面上定出槽边线位置，作为开槽边界的依据。

① 当地面平坦时，如图 9-58（a）所示，槽口宽度 B 的计算方法为

$$B = b + 2mh \tag{9-5}$$

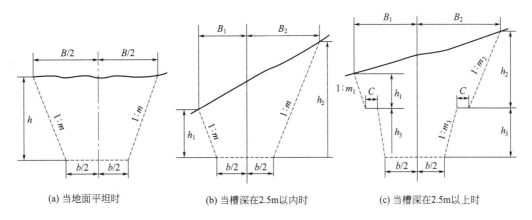

(a) 当地面平坦时　　　(b) 当槽深在2.5m以内时　　　(c) 当槽深在2.5m以上时

图 9-58　槽口放线

② 当地面坡度较大，管槽深在 2.5m 以内时，中线两侧槽口宽度不相等，如图 9-58（b）所示。槽口宽度 B 的计算公式为

$$\left.\begin{array}{l} B_1 = b/2 + mh_1 \\ B_2 = b/2 + mh_2 \end{array}\right\} \tag{9-6}$$

当槽深在 2.5m 以上时，如图 9-58（c）所示。槽口宽度 B 的计算公式为

$$\left.\begin{array}{l} B_1 = b/2 + m_1h_1 + m_3h_3 + C \\ B_2 = b/2 + m_2h_2 + m_3h_3 + C \end{array}\right\} \tag{9-7}$$

式中　　b——管槽开挖宽度；

　　　　m_i——槽壁坡度系数（由设计或规范给定）；

　　　　h_i——管槽左或右侧开挖深度；

　　　　B_i——中线左或右侧槽开挖宽度；

　　　　i——1，2，3；

　　　　C——槽肩宽度。

2. 施工过程中的测量工作

管道施工过程中的测量工作，主要是控制管道中线和高程，一般采用坡度板法。

（1）埋设坡度板

坡度板应根据工程进度要求及时埋设，其间距一般为 $10\sim15\text{m}$，如遇检查井、支线等构筑物时应增设坡度板。当槽深在 2.5m 以上时，应待挖至距槽底 2.0m 左右时，再在槽内埋设坡度板。坡度板要埋设牢固，不得露出地面，应使其顶面近于水平。用机械开挖时，坡度板应在机械挖完土方后及时埋设（图 9-59）。

（2）测设中线钉

坡度板埋好后，将经纬仪安置在中线控制桩上，将管道中心线投测在坡度板上并钉中线

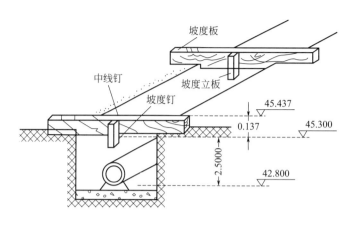

图 9-59　埋设坡度板

钉，中线钉的连线即为管道中线，挂垂线可将中线投测到槽底定出管道平面位置。

（3）测设坡度钉

为了使控制管道符合设计要求，在各坡度板上中线钉的一侧钉一坡度立板，在坡度立板侧面钉一个无头钉或扁头钉（称为坡度钉），使各坡度钉的连线平行于管道设计坡度线，并距管底设计高程为一整分米数（称为下反数）。利用这条线来控制管道的坡度、高程和管槽深度。

为此按下式计算出每一坡度板顶向上或向下量的调整数，使下反数为预先确定的一个整数。

$$调整数＝预先确定的下反数－（板顶高程－管底设计高程） \qquad (9\text{-}8)$$

调整数为负值时，坡度板顶向下量；反之则向上量。

例如，根据水准点，用水准仪测得 0.000 坡度板中心线处的板顶高程为 45.437m，管底的设计高程为 42.800m，那么，从板顶往下量 45.437m－42.800m＝2.637m，即为管底高程，如图 9-59 所示。现根据各坡度板的板顶高程和管底高程情况，选定一个统一的整分米数 2.5m 作为下反数，见表 9-3，只要从板顶向下量 0.137m，并用小钉在坡度立板上标明这一点的位置，则由这一点向下量 2.5m 即为管底高程。坡度钉钉好后，应该对坡度钉高程进行检测。

表 9-3　坡度钉测设手簿

板号	距离/m	坡度	管底高程/m	板顶高程/m	板顶－管底高差/m	下反数/m	调整数/m	坡度钉高程/m
0＋000			42.800	45.437	2.637		－0.137	45.300
0＋010	10		42.770	45.383	2.613		－0.113	45.270
0＋020	10	－3‰	42.740	45.364	2.624	2.500	－0.124	45.240
0＋030	10		42.710	45.315	2.605		－0.105	45.210
0＋040	10		42.680	45.310	2.630		－0.130	45.180
0＋050	10		42.650	45.246	2.596		－0.096	45.150

用同样方法在这一段管线的其他各坡度板上也定出下反数为 2.5m 的高程点，这些点的连线则与管底的坡度线平行。

3. 架空管道的施工测量

（1）管架基础施工测量

架空管道基础各工序的施工测量方法与厂房基础相同，不同点主要是架空管道有支架

（或立杆）及其相应基础的测量工作。管架基础控制桩应根据中心桩测定。管线上每个支架的中心桩在开挖基础时将被挖掉，需将其位置引测到互相垂直的四个控制桩上，如图 9-60 所示。引测时，将经纬仪安置在主点上，在Ⅰ—Ⅱ方向上钉出 a、b 两控制桩，然后将经纬仪安置在支架中心点 1，在垂直于管线方向上标定 c、d 两控制桩。根据控制桩可恢复支架中心 1 的位置及确定开挖边线，进行基础施工。

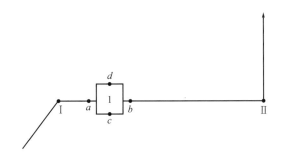

图 9-60　管架基础施工测量

（2）架空管道系安装在钢筋混凝土支架或钢支架上

安装管道支架时，应配合施工进行柱子垂直校正等测量工作，其测量方法、精度要求均与厂房柱子安装测量相同。管道安装前，应在支架上测设中心线和标高。中心线投点和标高测量容许误差均不得超过±3mm。

4. 顶管施工测量

在管道穿越铁路、公路、河流或建筑物时，由于不能或不允许开槽施工，常采用顶管施工方法。另外，为了克服雨期和严冬对施工的影响，减轻劳动强度和改善劳动条件等，也常采用顶管方法施工。顶管施工技术随着机械化程度的提高而不断广泛采用，是管道施工中的一项新技术。

顶管施工时，应在放顶管的两端先挖好工作坑，在工作坑内安装导轨（铁轨或方木），并将管材放置在导轨上，用顶镐将管材沿管线方向顶进土中，然后将管内土方挖出来。顶管施工测量的主要任务是控制好顶管中线方向、高程和坡度。

（1）顶管测量的准备工作

① 中线桩的测设　中线桩是工作坑放线和测设坡度板中线钉的依据。测设时应根据设计图纸的要求，根据管道中线控制桩，用经纬仪将顶管中线桩分别引测到工作坑的前后，并钉以大铁钉或木桩，以标定顶管的中线位置（图 9-61）。中线桩钉好后，即可根据它定出工作坑的开挖边界，工作坑的底部尺寸一般为 4m×6m。

② 临时水准点的测设　为了使控制管道按设计高程和坡度顶进，应在工作坑内设置临时水准点。一般在坑内顶进起点的一侧钉设一大木桩，使桩顶或桩一侧的小钉的高程与顶管起点管内底设计高程相同。

③ 导轨的安装　导轨一般安装在土基础或混凝土基础上。基础面的高程及纵坡都应当符合设计要求（中线处高程应稍低，以利于排水和防止管壁摩擦）。根据导轨宽度安装导轨，根据顶管中线桩及临时水准点检查中心线及高程，检查无误后，将导轨固定。

（2）顶进过程中的测量工作

① 中线测量　如图 9-62 所示，通过顶管的两个中线桩拉一条细线，并在细线上挂两个垂球，然后贴靠两垂球线再拉紧一水平细线，这根水平细线即标明了顶管的中线方向。为了

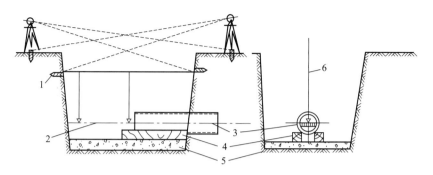

图 9-61　中线桩测设

1—中线控制桩；2—顶管中心线；3—木尺；4—导轨；5—垫层；6—中心钉

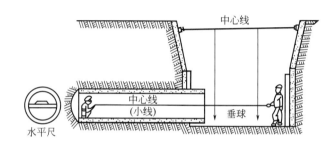

图 9-62　中线测量

保证中线测量的精度，两垂球间的距离尽可能远些。这时在管内前端放一水平尺，其上有刻划和中心钉，尺寸略小于或等于管径。顶管时用水准器将尺找平。通过拉入管内的小线与水平尺上的中心钉比较，可知管中心是否有偏差，尺上中心钉偏向哪一侧，就说明管道也偏向哪个方向。为了及时发现顶进时中线是否有偏差，中线测量以每顶进 0.5～1.0m 量一次为宜。其偏差值可直接在水平尺上读出，若左右偏差超过 1.5cm，则需要进行中线校正。

这种方法在短距离顶管是可行的，当距离超过 50m 时，可采用激光经纬仪和激光水准仪进行导向，从而可保证施工质量，加快施工进度，如图 9-63 所示。

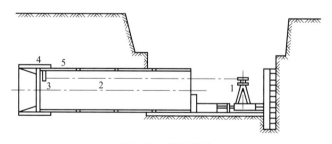

图 9-63　激光测量

1—激光经纬仪；2—激光束；3—激光接收靶；4—刃角；5—管子

② 高程测量　如图 9-64 所示，将水准仪安置在工作坑内，后视临时水准点，前视顶管内待测点，在管内使用一根小于管径的标尺，即可测得待测点的高程。将测得的管底高程与管底设计高程进行比较，即可知道校正顶管坡度的数值。但为工作方便，一般以工作坑内水准点为依据，设计纵坡用比高法检验。例如管道的设计坡度为 5‰，每顶进 1.0m，高程就应升高 5mm，该点的水准尺上读数就应小 5mm。

某顶管施工测量记录格式见表9-4，其反映了顶进过程中的中线与高程情况，是分析施

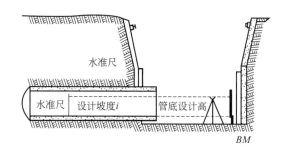

图 9-64 高程测量

表 9-4 某顶管施工测量记录

井号	里程	中心偏差/m	水准点尺上读数/m	该点尺上应读数/m	该点尺上实读数/m	高程误差/m	备注
8 号	0+180.0	0.000	0.742	0.736	0.735	−0.001	水准点高程为:12.558m
	0+180.5	左 0.004	0.864	0.856	0.853	−0.003	$I=+5‰$
	0+181.0	右 0.005	0.796	0.758	0.760	+0.002	0+管底高程为:12.564m
	…	…	…	…	…	…	
	0+200.0	右 0.006	0.814	0.869	0.863	−0.006	

工质量的重要依据。根据规范规定施工时应达到以下几点要求。

a. 高程偏差:高不得超过设计高程 10mm,低不得超过设计高程 20mm。

b. 中线偏差:左右不得超过设计中线 30mm。

c. 管子错口:一般不得超过 10mm,对顶时不得超过 30mm。

d. 测量工作应及时、准确,当第一节管就位于导轨上后,即可进行校测,符合要求后开始进行顶进。一般在工具管刚进入土层时,应加密测量次数。常规做法每顶进 100cm 测量不少于 1 次,每次测量都应以测量管子的前端位置为准。

二、 道路施工测量

道路施工测量的主要任务是根据工程进度的需要,按照设计要求,及时恢复道路中线测设高程标志,以及细部测设和放线等,作为施工人员掌握道路平面位置和高程的依据,以保证按图施工。其内容有施工前的测量工作和施工过程中的测量工作。

1. 施工前的测量工作

施工前的测量工作的主要内容是熟悉图纸和现场情况、恢复中线、加设施工控制桩、增设施工水准点、纵横断面的加密和复测、工程用地测量等。

(1)熟悉设计图纸和现场情况

道路设计图纸主要有路线平面图,纵、横断面图,标准横断面图和附属构筑物图等。接到施工任务图后,测量人员首先要熟悉道路设计图纸。通过熟悉图纸,在了解设计意图和对工程测量精度要求的基础上,熟悉道路的中线位置和各种附属构筑物的位置,确定有关的施测数据及相互关系。同时要认真校核各部位尺寸,发现问题及时处理,以确保工程质量和进度。

施工现场因机械、车辆、材料堆放等原因,各种测量标志易被碰动或损坏,因此,测量人员要勘察施工现场。熟悉施工现场时,除了解工程及地形的情况外,应在实地找出中线桩、水准点的位置,必要时实测校核,以便及时发现被碰动损坏的桩点,并避免用错点位。

（2）恢复中线

工程设计阶段所测定的中线桩至开始施工时，往往会出现有一部分桩点被碰动或丢失的现象。为保证工程施工中线位置准确可靠，在施工前根据原定线的条件进行复核，并将丢失的交点桩和里程桩等恢复校正好。此项工作往往是由施工单位会同设计、规划勘测部门共同来校正恢复。

对于部分改线地段，则应重新定线并测绘相应的纵、横断面图。恢复中线时，一般应将附属构筑物如涵洞、挡土墙、检修井等的位置一并定出。

（3）加设施工控制桩

经校正恢复的中线位置桩，在施工中往往要被挖掉或掩盖，很难保留。因此，为了在施工中准确控制工程的中线位置，应在施工前根据施工现场的条件和可能，选择不受施工干扰、便于使用、易于保存桩位的地方，测设施工控制桩。其测设方法有平行线法、延长线法和交会法等。

① 平行线法　该法是在路线边 1m 以外，以中线桩为准测设两排平行中线的施工控制桩，如图 9-65 所示。该法适用于地势平坦、直线段较长的路线上。控制桩间距一般取 10～20m，用它既能控制中线位置，又能控制高程。

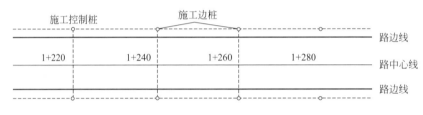

图 9-65　平行线法

② 延长线法　该法是在中线延长线上测设方向控制桩，当转角很小时可在中线的垂直方向测设控制桩，如图 9-66 所示。此法适用于地势起伏较大、直线段较短的路段上。

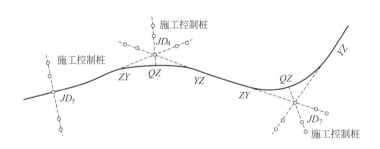

图 9-66　延长线法

③ 交会法　该法是在中线的一侧或两侧选择适当位置设置控制桩或选择明显固定地物，如电杆、房屋的墙角等作为控制，如图 9-67 所示。此法适用于地势较开阔、便于距离交会的路段上。

上述三种方法无论在城镇区、郊区或山区的道路施工中均应根据实际情况互相配合使用。但无论使用哪种方法测设施工桩，均要绘出示意图、量距并做好记录，以便查用。

④ 增设施工水准点　为了在施工中引测高程方便，应在原有水准点之间加设临时施工水准点，其间距一般为 100～300m。对加密的施工水准点，应设置在稳固、可靠、使用方便的地方。其引测精度应根据工程性质、要求的不同而不同。引测的方法按照水准测量的方

法进行。

⑤ 纵、横断面的加密与复测 当工程设计定测后至施工前一段时间较长时，线路上可能出现局部变化，如挖土、堆土等，同时为了核实土方工程量，也需核实纵、横断面资料，因此，一般在施工前要对纵、横断面进行加密与复测。

⑥ 工程用地测量 工程用地是指工程在施工和使用中所占用的土地。工程用地测量的任务是根据设计图上确定的用地界线，按桩号和用地

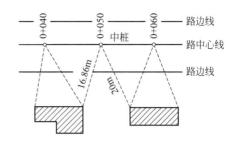

图 9-67 交会法

范围，在实地上标定出工程用地边界桩，并绘制工程用地平面图，也可以利用设计平面图圈绘。此外，还应编制用地划界表并附文字说明，作为向当地政府以及有关单位申请征用或租用土地、办理拆迁、补偿的依据。

2. 施工过程中的测量工作

施工过程中的测量工作又俗称施工测量放线，它的主要内容有路基放线、施工边桩的测设、路面放线和道牙与人行道的测量放线等。

(1) 路基放线

路基的形式基本上可分为路堤和路堑两种。路堤如图 9-68 所示。路基放线是根据设计横断面图和各桩的填、挖高度，测设出坡脚、坡顶和路中心等，构成路基的轮廓，作为填土或挖土的依据。

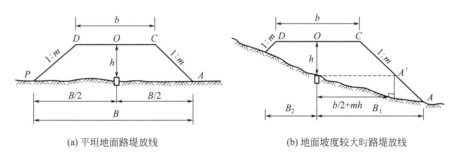

(a) 平坦地面路堤放线　　　　　(b) 地面坡度较大时路堤放线

图 9-68 路堤放线

① 路堤放线 如图 9-68 (a) 所示为平坦地面路堤放线情况。路基上口 b 和边坡 $1:m$ 均为设计数值，填方高度 h 可从纵断面图上查得，由图中可得出：

$$B=b+2mh \quad 或 \quad B/2=b/2+mh \tag{9-9}$$

式中　B——路基下口宽度，即坡脚 A、P 之距；

　　　$B/2$——路基下口半宽，即坡脚 A、P 的半距；

　　　b——路基上口宽度，m；

　　　m——边坡设计值；

　　　h——填方高度。

放线方法是由该断面中心桩沿横断面方向向两侧各量 $B/2$ 后钉桩，即得出坡脚 A 和 P。在中心桩及距中心桩 $b/2$ 处立小木杆（或竹竿），用水准仪在杆上测设出该断面的设计高程线，即得坡顶 C、D 及路中心 O 三点，最后用小线将 A、C、O、D、P 点连起，即得到路基的轮廓。施工时，在相邻断面坡脚的连线上撒出白灰线作为填方的边界。

图 9-68 (b) 所示为地面坡度较大时路堤放线的情况。由于坡脚 A、P 距中心桩的距离与 A、

P 地面高低有关，故不能直接用上述公式算出，通常采用坡度尺定点法和横断面图解法。

坡度尺定点法是先做一个符合设计边坡 $1:m$ 的坡度尺，如图 9-69 所示，当竖向转动坡度尺使直立边平行于垂球线时，其斜边即为设计坡度。

用坡度尺测设坡脚的方法是先用前一方法测出坡顶 C 和 D，然后将坡度尺的顶点 N 分别对在 C 和 D 上，用小线顺着坡度尺斜边延长至地面，即分别得到坡脚 A 和 P。当填方高度 h 较大时，由 C 点测设 A 点有困难，可用前一方法测设出与中桩在同一水平线上的边坡点 A'，再在 A' 点用坡度尺测设出坡脚 A。

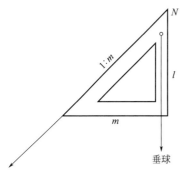

图 9-69　坡度尺

横断面图解法是用比例尺在已设计好的横断面上（俗称"已戴好帽子"的横断面），量得坡脚距中心的水平距离，即可在实地相应的断面上测设出坡脚位置。

② 路堑放线　图 9-70 （a） 所示为平坦地面上路堑放线情况。其原理与路堤放线基本相同，但计算坡顶宽度 B 时，应考虑排水边沟的宽度 b_0，计算公式如下：

$$B=b+2(b_0+mh) \text{ 或 } B/2=b/2+b_0+mh$$

$$(9-10)$$

图 9-70 （b） 所示为地面坡度较大时的路堑放线情况。其关键是找出坡顶 A 和 P，按前法或横断面图解法找出 P、A （或 A_1）。当挖深较大时，为方便施工，可制作坡度尺或测设坡度板，作为施工时掌握边坡的依据。

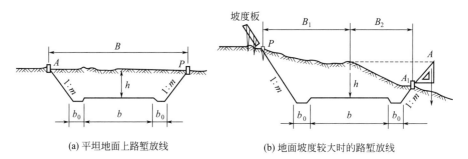

(a) 平坦地面上路堑放线　　(b) 地面坡度较大时的路堑放线

图 9-70　路堑放线

③ 半填半挖的路基放线　在修筑山区道路时，为减少土石方量，路基常采用半填半挖形式，如图 9-71 所示。这种路基放线时，除按上述方法定出填方坡度 A 和挖方坡顶 P 外，还要测设出不填不挖的零点 O'。其测设方法是用水准仪直接在横断面上找出等于路基设计高程的地面点，即为零点 O'。

（2）施工边桩的测设

由于路基的施工致使中线上所设置的各桩被毁掉或填埋，因此，为了简便施工测量工作，可用平行线加设边桩，即在距路面边线为 $0.5\sim1.0\text{m}$ 以外，各钉一排平行中线的施工边桩，作为路面施工的依据，用它来控制路面高程和中线位置。

施工边桩一般是以施工前测定的施工控制桩为准测设的，其间距以 $10\sim30\text{m}$ 为宜。当边桩钉置好后，可按测设已知高程点的方法，在边桩测设出该桩的道路中线的设计

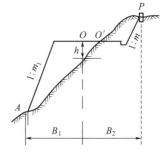

图 9-71　半填半挖的路基放线

高程钉，并将中线两侧相邻边桩上的高程钉用小线连起，便得到两条与路面设计高程一致的坡度线。为了防止观测和计算错误，每测完一段应附合到另一水准点上校核。

如施工地段两侧邻近有建筑物时，可不钉边柱，利用建筑物标记里程桩号，并测出高程，计算出各桩号路面设计高的改正数，在实地标注清楚，作为施工的依据。

如果施工现场已有平行中线的施工控制桩，并且间距符合施工要求，则可一桩两用不再另行测设边桩。

（3）路面放线

路面放线的任务是根据路肩上测设的施工边桩的位置和桩顶高程及路拱曲线大样图、路面结构大样图、标准横断面图，测设出侧石的位置并绘出控制路面各结构层路拱的标志，以指导施工。

① 侧石边线桩和路面中心桩的测设　如图 9-72 所示，根据两侧的施工边桩，按照控制边桩钉桩的记录和设计路面宽度，推算出边桩距侧石边线和路面中心的距离，然后自边桩沿横断方向分别量出至侧石和道路中心的距离，即可钉出侧石内侧边线桩和道路中心桩。同时可按路面设计宽度尺寸复测侧石至路中心的距离，以便校核。

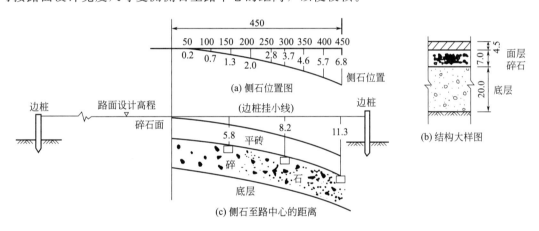

图 9-72　路面放线

② 路面放线

a. 直线型路拱的路面放线。如图 9-73 所示，B 为路面宽度；h 为路拱中心高出路面边缘的高度，称为路拱矢高；其数值 $h=B/2\times i$；i 为设计路面横向坡度，%；x 为横距，y 为纵距；O 为原点（路面中心点）。路拱计算公式为

$$y=xi \tag{9-11}$$

其放线步骤如下：Ⅰ. 计算中桩填、挖值，即中桩桩顶实测高程与路面各层设计高程之差；Ⅱ. 计算侧石边桩填、挖值，即边线桩桩顶实测高程与路面各层设计高程之差；Ⅲ. 根据计算成果，分别在中、边桩上标定并挂线，即得到路面各层的横向坡度线。如果路面较宽可在中间加点。

施工时，为了使用方便，应预先将各桩号断面的填、挖值计算好，以表格形式列出，称为平单，供放线时直接使用。

b. 抛物线型路拱的路面放线。对于路拱较大的柔性路面，其路面横向宜采用抛物线形，如图 9-74 所示。图 9-74 中，B 为路面宽度；h 为路拱矢高，即 $h=B/2\times i$；i 为直线型路拱

坡度；x 为横轴，是路拱的路面中心点的切线位置；y 为纵距；O 为原点，是路面中心点。则路拱计算公式为

$$y = \frac{4h}{B^2}x^2 \tag{9-12}$$

其放线步骤如下：Ⅰ．根据施工需要、精度要求选定横距 x 值，如图 9-74 所示，一般取 50cm、100cm、150cm、200cm、250cm、300cm、350cm、400cm、450cm，按路拱公式计算出相应的纵距 y 值为 0.2cm、0.7cm、…、5.7cm、6.8cm。Ⅱ．在边线桩上定出路面各层中心设计高程，并在路两侧挂线，此线就是各层路面中心高程线。Ⅲ．自路中心向左、右量取 x 值，自路中心标高水平线向下量取相应的 y 值，就可得横断面方向路面结构层的高程控制点。

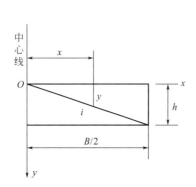

图 9-73　直线型路拱的路面放线

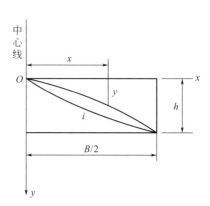

图 9-74　抛物线型路拱的路面放线

施工时，可采用平砖法控制路拱形状。即在边桩上依路中心高程挂线后，按路拱曲线大样图所注的尺寸，以及路面结构大样图，在路中心两侧一定距离处，在距路中心 150cm、300cm 和 450cm 处分别向下量 5.8cm、8.2cm、11.3cm，放置平砖，并使平砖顶面正好处在拱面高度，铺撒碎石时，以平砖为标志就可找出设计的拱形。铺筑其他结构层，重复采用此法放线。

在曲线部分测设侧石和放置平砖时，应根据设计图纸做好内侧路面加宽和外侧路拱超高的放线工作。

关于交叉口和广场的路面施工的放线，要根据设计图纸先加钉方格桩，其桩间距为 5～20m，再在各桩上测设设计高程线，然后依据路面结构层挂线或设"平砖"，以便分块施工。

c. 变方抛物线型路面放线。由于抛物线型路拱的坡度，其拱顶部分过于平缓，不利于排水；边缘部分过陡，不利于行车。为改善此种状况，以二次抛物线公式为基础，采用变方抛物线计算，以适应各种宽度。其路拱计算公式为：

$$y = \frac{2^n h}{B^n}x^n = \frac{2^{n-1}}{B^{n-1}}x^n \tag{9-13}$$

式中　x——横距；

　　　y——纵距；

　　　B——路面宽度；

h——路拱矢高，$h=Bi/2$；

i——设计横坡，%；

n——抛物线次，根据不同的路宽和设计横坡分别选用 $n=1.25$、1.5、1.75、2.00。

在一般道路设计图纸上均绘有路拱大样图和给定的路拱计算公式。

（4）道牙（侧石）与人行道的测量放线

道牙（侧石）是为了行人和交通安全，将人行道与路面分开的一种设置。人行道一般高出路面 8～20cm。

道牙（侧石）的放线，一般和路面放线同时进行，也可与人行道放线同时进行。道牙（侧石）与人行道测量放线方法如下。

① 根据边线控制桩，测设出路面边线挂线桩，即道牙的内侧线，如图 9-75 所示。

② 由边线控制桩的高程引测出路面面层设计高程，标注在边线挂线桩上。

③ 根据设计图纸要求，求出道牙的顶面高程。

图 9-75　道牙与人行道测量放线

④ 由各桩号分段将道牙顶面高程挂线，安放并砌筑道牙。

⑤以道牙为准，按照人行道铺设宽度设置人行道外缘挂线桩。再根据人行道宽度和设计横坡，推算人行道外缘设计高程，然后用水准测量方法将设计高程引测到人行道外缘挂线桩上，并做出标志。用线绳与道牙连接，即为人行道铺设顶面控制线。

管道施工测量的主要任务是根据工程进度要求，为施工测设各种标志，使施工技术人员便于随时掌握中线方向及高程位置。施工测量的主要内容为施工前的测量工作和施工过程中的测量工作。

第十章 ▶▶

综合管理

第一节 质量管理

一、 施工测量放线的基本准则

施工测量放线的基本准则如图 10-1 所示。

施工测量放线的基本准则
- 应先测设精度较高的场地整体控制网, 再以控制网为依据进行各局部建(构)筑物的定位、放线, 作为工作程序
- 应校核测量设计图纸、测量起始数据等起始依据的正确性
- 测量方法科学、精度合理, 仪器精度选择恰当、精心使用, 在满足工程需要的前提下, 力争做到节省费用
- 定位、放线工作经自检、互检合格后, 由上级主管部门验线; 此外, 还应执行安全、保密等有关规定, 妥善保管设计图纸与技术资料, 观测时做好记录, 测后及时保护好桩位

图 10-1 施工测量放线的基本准则

二、 施工测量验线工作的基本准则

① 验线的依据应原始、正确、有效，设计图纸、变更洽商与起始点位及其数据应为原始、有效并正确的资料。

② 测量仪器设备应按检定规程的有关规定进行定期检校。

③ 仪器的精度应适应验线要求，并校正完好；观测时，误差应小于限差，观测中的系统误差应采取措施进行改正；验线本身应先行附合（或闭合）校核。

④ 应独立验线，观测人员、仪器设备测法及观测路线等应尽量与放线工作不相关。

⑤ 验线的部位主要包括：定位依据与定位条件、控制网及定位放线中的最弱部位、场区平面控制网、主轴线及其控制桩、场区高程控制网及 ± 0.000 高程线，是放线中的关键环节与最弱部位。

⑥ 验线方法及误差处理主要包括如图 10-2 所示的几个方面。

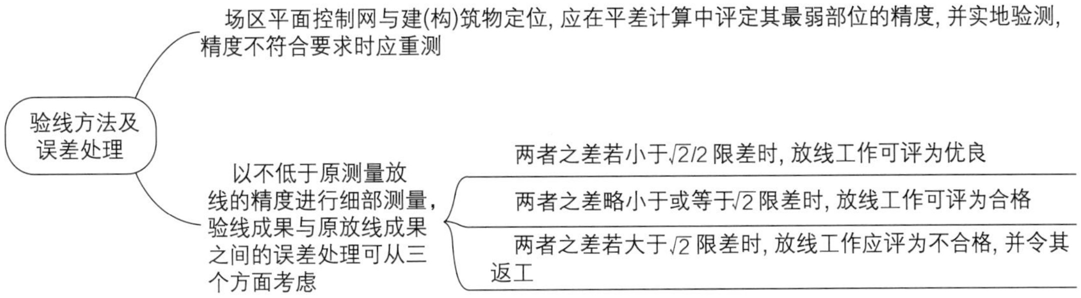

图 10-2　验线方法及误差处理

三、 建筑施工测量质量控制管理

1. 测量外业工作

① 原则：先整体后局部，高精度控制低精度。

② 操作：应按照有关规范的技术要求进行。

③ 作业依据必须正确可靠，并坚持测量作业步步有校核的工作方法。

④ 平面测量放线、高程传递抄测工作必须闭合交圈。

⑤ 钢尺量距应使用拉力器并进行尺长、拉力、温差改正。

2. 测量计算

① 基本要求：依据正确、方法科学、计算有序、步步校核、结果可靠。

② 测量计算应在规定的表格上进行。在表格中抄录原始起算数据后，应换人校对，以免发生抄录错误。

③ 计算过程中必须做到步步有校核。计算完成后，应换人检算，检核计算结果。

3. 施工测量放线检查和验线

① 要求：必须严格遵守"三检"制和验线制度。

② 自检：测量外业工作完成后，必须进行自检，并填写自检记录。

③ 复检：由项目测量负责人或质量检查员组织进行测量放线质量检查，发现不合格项立即改正至合格。

④ 交接检查：测量作业完成后，在移交给下道工序时，必须进行交接检查，并填写交接记录。

⑤ 测量外业完成并经自检合格后，应及时填写《施工测量放线报验表》，并报监理验线。

4. 建筑施工测量主要技术精度指标

建筑施工测量主要技术精度指标见表 10-1～表 10-7。

表 10-1　建筑方格网的主要技术要求

等级	边长/m	测角中误差/(″)	边长相对中误差
一级	100～300	±5	1/40000
二级	100～300	±10	1/20000

表 10-2　建（构）筑物平面控制网主要技术指标

等级	适用范围	测角中误差/(″)	边长相对中误差
一级	钢结构、超高层、连续程度高的建筑	±8	1/24000
二级	框架、高层、连续程度一般的建筑	±13	1/15000
三级	一般建（构）筑	±25	1/8000

表 10-3　水准测量的主要技术要求

等级	每千米高差中数偶然中误差 m_Δ /mm	仪器型号	水准标尺	观测次数 与已知点联测	观测次数 附合线路或环线	往返较差、附合线路或环线闭合差/mm 平地	往返较差、附合线路或环线闭合差/mm 山地	检测已测测段高差之差/mm
三等	±3	DS_1 DS_3	铟瓦 双面	往、返 往、返	往 往、返	$\pm12\sqrt{L}$ / $\pm3\sqrt{n}$	$\pm4\sqrt{n}$	$\pm20\sqrt{L}$
四等	±5	S_3	双面	往、返	往	$\pm20\sqrt{L}$	$\pm6\sqrt{n}$	$\pm30\sqrt{L}$
			单面	两次仪器高测往返	变仪器高测两次	$\pm5\sqrt{n}$		

注：1. n 为测站数；

2. L 为线路长度，单位为千米（km）。

表 10-4　基础外廓轴线限差

长度 L、宽度 B 的尺寸/m	限差/mm	长度 L、宽度 B 的尺寸/m	限差/mm
$L(B)\leq30$	±5	$90<L(B)\leq120$	±20
$30<L(B)\leq60$	±10	$120<L(B)\leq150$	±25
$60<L(B)\leq90$	±15	$150<L(B)$	±30

表 10-5　轴线竖向投测限差

项目		限差/mm
每层		3
总高 H/m	$H\leq30$	5
	$30<H\leq60$	10
	$60<H\leq90$	15
	$90<H\leq120$	20
	$120<H\leq150$	25
	$150<H$	30

表 10-6　各部位放线限差

项目		限差/mm
外廓主轴线长度 L/m	$L\leq30$	±5
	$30<L\leq60$	±10
	$60<L\leq90$	±15
	$90<L\leq120$	±20
	$120<L\leq150$	±25
	$150<L$	±30

续表

项　目	限差/mm
细部轴线	±2
承重墙、梁、柱边线	±3
非承重墙边线	±3
门窗洞口线	±3

表 10-7　标高竖向传递限差

项　目		限差/mm
每层		3
总高 H/m	H≤30	5
	30＜H≤60	10
	60＜H≤90	15
	90＜H≤120	20
	120＜H≤150	25
	150＜H	30

有话说

测量记录要求。

① 基本要求：原始真实、数字正确、内容完整、字体工整。

② 测量记录应用铅笔填写在规定的表格上。

③ 测量记录应当场及时填写清楚，保持记录的原始真实性；采用电子仪器自动记录时，应打印出观测数据。

第二节　资料与安全管理

一、资料管理

资料管理的要求如图 10-3 所示。

资料管理的要求
- 测量技术资料应进行科学规范化管理
- 测量原始记录必须做到：表格规范、格式正确、记录准确、书写完整、字迹清晰
- 严禁对原始资料数据进行修改，且不得用其他纸张转抄
- 原始记录必须专人负责，妥善保管
- 外业工作必须起算数据正确可靠，计算过程科学有序，严格遵守自检、互检、交接检的"三检制"
- 各种测量资料必须数据正确，符合测量规程，表格规范，格式正确方可报验
- 测量竣工资料应汇编齐全、有序，整理成册，并有完整的签字交接手续
- 测量资料应注意保密，并妥善保管

图 10-3　资料管理的要求

二、 工程测量的一般安全要求

工程测量的一般安全要求如图 10-4 所示。

工程测量的一般安全要求

- 进入施工现场的作业人员,首先需要参加安全教育培训,经考试合格后方可上岗作业,未经培训或考试不合格者,不得上岗作业
- 18周岁以下的未成年人,不得从事工程测量工作
- 作业人员服从领导和安全检查人员的指挥,坚守作业岗位,未经许可,不得从事非本工种作业,严禁酒后作业
- 每日上班前,施工测量负责人必须集中本项目部全体人员,根据安全技术措施内容和作业环境、设施、设备安全状况及本项目部人员技术素质、安全知识、自我保护意识及思想状态,有针对性地进行班前活动,提出具体注意事项,跟踪落实,并做好活动记录
- 雨雪天气或遭遇六级以上强风,应停止露天测量作业
- 作业中出现不安全险情时,必须立即停止作业,组织撤离危险区域,报告领导解决,不准冒险作业
- 在道路上进行导线测量、水准测量等作业时,要注意来往车辆,防止发生交通事故

图 10-4　工程测量的一般安全要求

三、 建筑工程施工测量安全管理

建筑工程施工测量安全管理如图 10-5 所示。

建筑工程施工测量安全管理

- 进入施工现场的人员必须做好必要的安全防护措施,如戴好安全帽,系好帽带;正确穿戴个人防护用品,整齐着装等。在没有可靠安全防护设施的高处(2m以上)悬崖和陡坡施工时,必须系好安全带;高处作业不穿穿硬底和带钉易滑的鞋,不得向下投掷物体;严禁穿拖鞋、高跟鞋进入施工现场
- 施工现场行走要注意避让现场施工车辆,以免发生事故
- 施工现场不得攀登脚手架、井字架、龙门架、外用电梯,禁止乘坐非乘人的垂直运输设备上下
- 施工现场的各种安全设施、设备和警告、安全标志等未经上级同意不得任意拆除和随意挪动。确因测量通视要求等需要拆除安全网等安全设施的,要事先与总包方相关部门协商,并及时予以恢复
- 在沟、槽、坑内作业必须经常检查沟、槽、坑壁的稳定情况,上下沟、槽、坑必须走坡道或梯子,严禁攀登固壁支撑上下,严禁直接从沟、槽、坑壁上挖洞攀登或跳下,间歇时,不得在槽、坑坡脚下休息
- 在基坑边沿进行架设仪器等作业时,必须系好安全带并挂在牢固可靠处
- 配合机械挖土作业时,禁止进入铲斗回转半径范围
- 进入现场作业面必须走人行梯道等安全通道,严禁利用模板支撑攀登,不得在墙顶、独立梁及其他高处狭窄而无防护的模板面上行走
- 地上部分轴线投测采用内控法作业的,在内控点架设仪器时要注意上方洞口安全,防止洞口坠物发生人员和仪器事故
- 施工现场发生伤亡事故,必须立即报告领导,抢救伤员,保护现场

图 10-5　建筑工程施工测量安全管理

四、 建筑变形测量安全管理

建筑变形测量安全管理如图 10-6 所示。

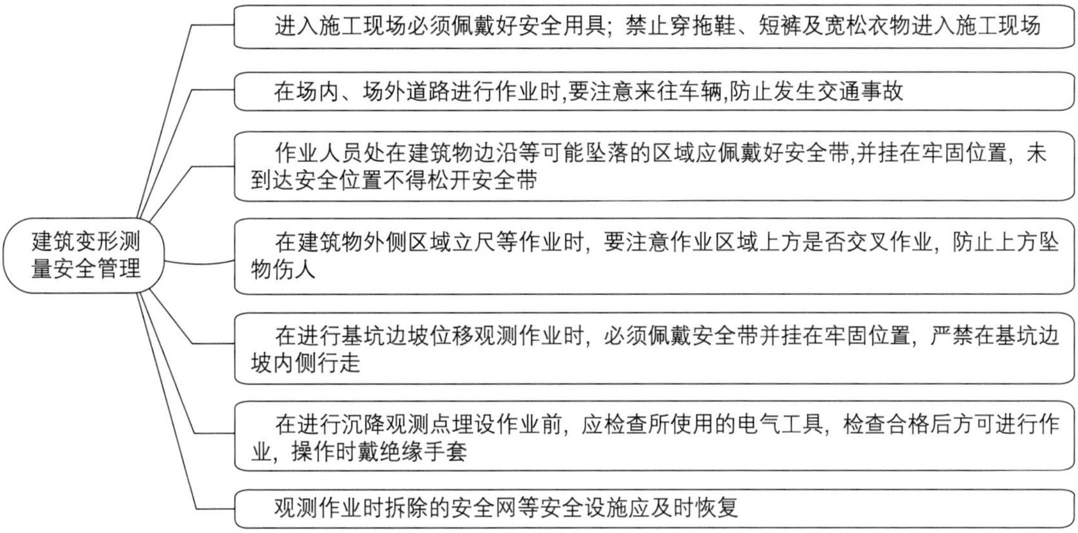

建筑变形测量安全管理

- 进入施工现场必须佩戴好安全用具；禁止穿拖鞋、短裤及宽松衣物进入施工现场
- 在场内、场外道路进行作业时,要注意来往车辆,防止发生交通事故
- 作业人员处在建筑物边沿等可能坠落的区域应佩戴好安全带,并挂在牢固位置, 未到达安全位置不得松开安全带
- 在建筑物外侧区域立尺等作业时, 要注意作业区域上方是否交叉作业, 防止上方坠物伤人
- 在进行基坑边坡位移观测作业时, 必须佩戴安全带并挂在牢固位置, 严禁在基坑边坡内侧行走
- 在进行沉降观测点埋设作业前, 应检查所使用的电气工具, 检查合格后方可进行作业, 操作时戴绝缘手套
- 观测作业时拆除的安全网等安全设施应及时恢复

图 10-6　建筑变形测量安全管理

附 录 ▶▶

附录一　建筑施工测量实训须知

一、测量实训的目的

建筑施工测量是一门实践性很强的专业基础课，测量实训是学习测量中不可缺少的环节。只有通过仪器操作、观测、记录、计算、绘图、编写实训报告等，才能验证和巩固好课堂所学的基本理论，掌握仪器操作的基本技能和测量作业的基本方法。让广大测量人员掌握分析问题、解决问题的能力，使测量人员具有认真、负责、严格、精细、实事求是的科学态度和工作作风。因此，必须对测量实训予以高度重视。

二、测量实训的要求

测量实训的要求如附图 1 所示。

测量实训之前，必须认真阅读本书中的相关内容,弄清基本概念和实训目的、要求、方法、步骤和有关注意事项，使实训工作能顺利地按计划完成

按本书中提出的要求,于实训前准备好所需文具,如铅笔、小刀、计算器、三角板等

实训分小组进行，正组长负责组织和协调实训的各项工作，副组长负责仪器、工具的借领、保管和归还

对实训规定的各项内容，小组内每人均应轮流操作，实训报告应独立完成

测量实训的要求

实训应在规定时间内进行，不得无故缺席、迟到或早退；实训应在指定地点进行，不得擅自变更地点

必须遵守本书中所列的"测量仪器、工具的借用规则"和"测量记录与计算规则"

应认真听取教师的指导，实训的具体操作应按实训指导书的要求、步骤进行

测量实训中出现仪器故障、工具损坏和丢失等情况时，必须及时向指导教师报告，不可随意自行处理

测量实训结束时，应把观测记录和实训报告交实训指导教师审阅，经教师认可后方可收拾和清理仪器、工具，归还实验室

附图 1　测量实训的要求

三、 测量仪器、工具的借用规则

测量仪器一般都比较重，对测量仪器的正确使用、精心爱护和科学保养，是测量工作人员必须具备的素质和应该掌握的技能，也是保证测量成果质量、提高工作效率和延长仪器、工具使用寿命的必要条件。测量仪器、工具的借用必须遵守如附图 2 所示规则。

测量仪器、工具的借用必须遵守的规则

以小组为单位，凭有效证件前往测量仪器室，借领实训书上注明的仪器、工具

借领时，应确认实物与实训书上所列仪器、工具是否相符；仪器、工具是否完好，仪器背带和提手是否牢固。如有缺损，立即补领或更换。借领时，各组依次由1~2人进入室内，在指定地点清点、检查仪器和工具，然后在登记表上填写班级、组号及日期。借领人签名后将登记表及学生证交给管理人员

仪器搬运前，应检查仪器箱是否锁好，搬运仪器、工具时，应轻拿轻放，避免剧烈振动和碰撞

实训过程中，各组应妥善保护仪器、工具，各组间不得任意调换仪器、工具

实训结束后，应及时清理仪器、工具上的泥土，收装仪器、工具，并送还仪器室检查，取回证件

爱护测量仪器、工具，若有损坏或遗失，应填写报告单说明情况，并按有关规定给予赔偿

附图 2　测量仪器、工具的借用规则

四、 实训报告填写与计算要求

① 实训记录必须直接填在规定的表格内随测随记，不得转抄。

② 凡记录表格上规定应填写的项目不得空白。

③ 观测者读数后，记录者应立即回报读数，以防听错、记错。

④ 记录与计算均用 2H 或 3H 绘图铅笔记载。字体应端正清晰、数字齐全、数位对齐、字脚靠近底线，字体大小应略大于格子的一半，以便留出空隙改错。

⑤ 测量记录的数据应写齐规定的位数，规定的位数视要求的不同而不同。对普通测量而言：水准测量和距离测量以 m 为单位，小数点后记录三位；角度的分（′）和秒（″）取两位记录位数。

表示精度或占位的"0"均不能省略，如水准尺读数 2.45m，应记为 2.450m；角度读数 21°5′6″，应记为 21°05′06″。

⑥ 禁止擦拭、涂抹与挖补，发现错误应在错误处用横线划去。淘汰某整个部分时可以斜线划去，不得使原数字模糊不清。修改局部（非尾数）错误时，则将局部数字划去，将正确数字写在原数字上方。所有记录的修改和观测成果的淘汰，必须在备注栏注明原因（如测错、记错或超限等）。

⑦ 观测数据的尾数部分不准更改，应将该部分观测值废去重测。

不准更改的部位：角度测量的分（′）和秒（″）的读数，水准测量和距离测量的 cm 和 mm 的读数。

⑧ 禁止连续更改，如水准测量的黑面、红面读数，角度测量中的盘左、盘右读数，距离丈量中的往、返测读数等，均不能同时更改，否则应重测。

⑨ 数据的计算应根据所取的位数，按"4 舍 6 入，5 前单进双舍"的规则进行凑整。例如，若取至毫米位则 1.1084m、1.1076m、1.1085m、1.1075m 都应记为 1.108m。

⑩ 每个测站观测结束后，必须在现场完成规定的计算和检核，确认无误后方可迁站。

五、 测量仪器、工具的操作规程

1. 打开仪器箱时的注意事项

打开仪器箱时的注意事项如附图 3 所示。

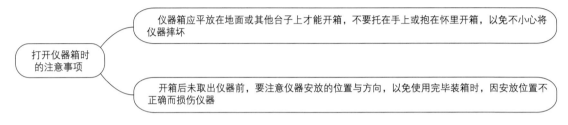

附图 3　打开仪器箱时的注意事项

2. 自箱内取出仪器时的注意事项

自箱内取出仪器时的注意事项如附图 4 所示。

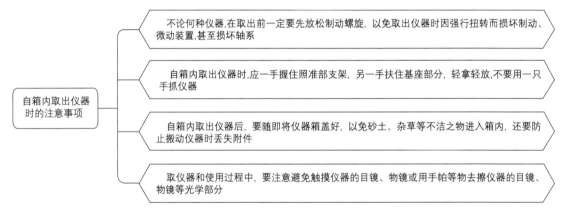

附图 4　自箱内取出仪器时的注意事项

3. 架设仪器时的注意事项

架设仪器时的注意事项如附图 5 所示。

4. 仪器在使用过程中要满足的要求

仪器在使用过程中要满足的要求如附图 6 所示。

5. 仪器的搬迁

① 远距离迁站或通过行走不便的地区时，必须将仪器装箱后再迁站。

② 近距离且平坦地区迁站时，可将仪器连同脚架一同搬迁。其方法是：先检查连接螺旋是否旋紧，然后松开各制动螺旋使仪器保持初始位置（经纬仪望远镜物镜对向度盘中心，水准仪物镜向后），再收拢三脚架，一手托住仪器的支架或基座于胸前，一手抱住脚架放在

肋下，稳步行走。严禁斜扛仪器或奔跑，以防碰摔。

③ 迁站时，应清点所有的仪器和工具，防止丢失。

架设仪器时的
注意事项

- 伸缩式脚架三条腿抽出后，要把固定螺旋拧紧，但不可用力过猛而造成螺旋滑丝；防止因螺旋未拧紧而使脚架自行收缩而摔坏仪器。三条腿拉出的长度要适中

- 架设脚架时，三条腿分开的跨度要适中。并得太靠拢易被碰倒，分得太开易滑，都会造成事故。若在斜坡上架设仪器，应使两条腿在坡下(可稍放长)，一条腿在坡上(可稍缩短)。若在光滑地面上架设仪器，要采取安全措施(例如，用细绳将三脚架连接起来或用防滑板)，防止滑动摔坏仪器

- 架设仪器时，应使架头大致水平(安置经纬仪的脚架时，架头的中央圆孔应大致与地面测站点对中)，若地面为泥土地面，应将脚架尖踩入土中，以防止仪器下沉

- 从仪器箱取出仪器时，应一手握住照准部支架，另一手扶住基座部分，然后将仪器轻轻安放到三脚架头上。一手握住照准部支架，另一手将中心连接螺旋旋入基座底板的连接孔内旋紧，以防因忘记拧上连接螺旋或拧得不紧而摔坏仪器

- 仪器箱不能承重，故不可踏、坐仪器箱

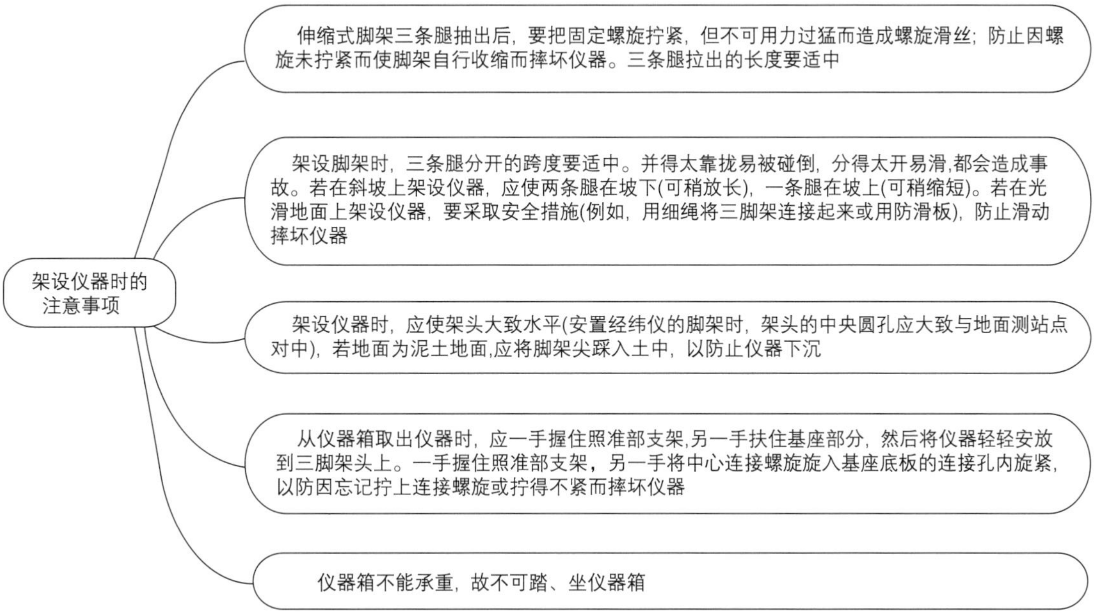

附图 5　架设仪器时的注意事项

6. 仪器的装箱

① 仪器使用完后，应及时清除仪器上的灰尘和仪器箱、脚架上的泥土，套上物镜盖。

② 仪器拆卸时，应先松开各制动螺旋，将脚螺旋旋至中段大致同高的地方，再一手握住照准部支架，另一只手将中心连接螺旋旋开，双手将仪器取下装箱。

③ 仪器装箱时，使仪器就位正确，试合箱盖，确认放妥后，再拧紧各制动螺旋，检查仪器箱内的附件是否缺少，然后关箱上锁。若箱盖合不上，说明仪器位置未放置正确或未将脚螺旋旋至中段，应重放，切不可强压箱盖，以免压坏仪器。

④ 清点所有的仪器和工具，防止丢失。

7. 测量工具的使用

① 钢尺使用时，应避免打结、扭曲，防止行人踩踏和车辆碾压，以免钢尺折断。携尺前进时，应将尺身离地提起，不得在地面上拖曳，以防钢尺尺面刻划磨损。钢尺用毕后，应将其擦净并涂油防锈。钢尺收卷时，应一人拉持尺环，另一人把尺顺序卷入，防止绞结、扭断。

② 皮尺使用时，应均匀用力拉伸，避免强力拉拽而使皮尺断裂。如果皮尺浸水受潮，应及时晾干。皮尺收卷时，切忌扭转卷入。

③ 各种标尺和花杆的使用，应注意防水、防潮和防止横向受力。不用时安放稳妥，不得垫坐，不要将标尺和花杆随便往树上或墙上立靠，以防滑倒摔坏或磨损尺面。花杆不得用于抬东西或作标枪投掷。塔尺的使用，还应注意接口处的正确连接，用后及时收尺。

	在阳光下或雨天作业时必须撑伞, 防止日晒或雨淋(包括仪器箱)
	任何时候仪器旁都必须有人守护, 禁止无关人员搬弄和防止行人车辆碰撞
	如遇目镜、物镜外表面蒙上水汽而影响观测, 应稍等一会儿或用纸片扇风使水汽散尽; 如镜头有灰尘, 应用仪器箱中的软毛刷拂去或用镜头纸轻轻拭去。严禁用手指或手帕等物擦拭, 以免损坏镜头上的药膜。观测结束后应及时安上物镜盖
仪器在使用过程中要满足的要求	转动仪器时, 应先松开制动螺旋, 然后平稳转动。使用微动螺旋时, 应先旋紧制动螺旋
	操作仪器时, 用力要均匀, 动作要准确轻缓。用力过大或动作太猛都会造成仪器损伤。制动螺旋不能拧得太紧, 微动螺旋和脚螺旋不要旋到顶端, 宜使用中段螺纹。使用各种螺旋不要用力过大或动作太猛, 应用力均匀, 以免损伤螺纹
	仪器使用完毕装箱前要放松各制动螺旋, 装入箱内要试合一下, 在确认安放正确后, 将各部制动螺旋略为旋紧, 防止仪器在箱内自由转动而损坏某些部件
	清点箱内附件, 若无缺失则将箱盖合上、扣紧、锁好
	仪器发生故障时, 应立即停止使用, 并及时向指导教师报告

附图 6　仪器在使用过程中要满足的要求

④ 测图板的使用, 应注意保护板面, 不准乱戳乱画, 不能施以重压。

⑤ 小件工具如垂球、测钎和尺垫等, 使用完即收, 防止遗失。

附录二　建筑施工测量实训

实训一　DS₃ 水准仪的认识与使用

一、实训目的

① 了解 DS₃ 水准仪的基本构造和性能, 认识其主要构件的名称和作用。

② 练习水准仪的安置、照准、读数和高差计算。

二、仪器和工具

DS₃ 水准仪 1 台, 水准尺 2 根, 尺垫 2 个。自备 2H 铅笔 2 支和

施工测量课间实训

扫码观看本视频

测伞 1 把。

三、内容

① 熟悉 DS₃ 型水准仪各部线的名称及作用。

② 学会使用圆水准器整平仪器。

③ 学会照准目标，消除视差及利用望远镜的中丝在水准尺上读数。

④ 学会测定地面两点间的高差。

四、方法和步骤

1. 安置仪器

松开三脚架的伸缩螺旋，按需要调节三条腿的长度后，旋紧螺旋。安置脚架时，应使架头大致水平。在土地面，应将脚架的脚尖踩入土中，以防仪器下沉；对水泥地面，要采取防滑措施；对倾斜地面，应将三脚架的一个脚安放在高处，另两只脚安置在低处。

打开仪器箱，记住仪器摆放位置，以便仪器装箱时按原位置摆放。双手将仪器从仪器箱中拿出来，平稳地放在脚架架头，接着一手握住仪器，另一手将中心螺旋旋入仪器基座内，并将其旋紧。

2. 认识 DS₃ 水准仪的主要部件和作用

应了解 DS₃ 水准仪的外形和主要部件的名称、作用及使用方法。了解水准尺分划注记的规律，掌握读尺方法。

3. 粗平

粗平就是旋转脚螺旋使圆水准器气泡居中，从而使仪器大致水平。为了快速粗平，对坚实地面，可固定脚架的两条腿，一手扶住脚架顶部，另一手握住第三条腿作前后左右移动，眼看着圆水准器气泡，使之离中心不远（一般位于中心的圆圈上即可），然后再用脚螺旋粗平。脚螺旋的旋转方向与气泡移动方向之间的规律是：气泡移动的方向与左手大拇指转动脚螺旋的方向一致，同时右手大拇指转动同一方向的另一个脚螺旋进行相对运动。

若从仪器构造上理解脚螺旋的旋转方向与气泡移动方向之间的规律，则为：气泡在哪个方向则哪个方向位置高；脚螺旋顺时针方向（俯视）旋转，则此脚螺旋位置升高，反之则降低。

4. 照准水准尺

转动目镜对光螺旋，使十字丝清晰；然后松开水平制动螺旋，转动望远镜，利用望远镜上部的准星与缺口照准目标，旋紧制动螺旋；再转动物镜对光螺旋，使水准尺分划成像清晰。此时，若目标的像不在望远镜视场的中间位置，可转动水平微动螺旋，对准目标。随后，眼睛在目镜端略作上下移动，检查十字丝与水准尺分划像之间是否有相对移动，如有，则存在视差，需重新做目镜对光和物镜对光，消除视差。

5. 精平与读数

精平就是转动微倾螺旋，使水准管气泡两端的半边影像吻合成椭圆弧抛物线形状，使视线在照准方向精确水平。操作时，右手大拇指旋转微倾螺旋的方向与左侧半气泡影像的移动方向一致。精平后，以十字丝中横丝读出尺上的数值，读取四位数字。尺上在分米处注字，每个黑色（或红色）和白色分格为 1cm。读数时应注意尺上的注字由小到大的顺序，读出米、分米、厘米，估读至毫米。

综上所述，水准仪的基本操作程序为：安置—粗平—照准—精平—读数。

五、 技术要求

① 在地面选定两固定位置作后视点和前视点，放上尺垫并立尺。仪器尽可能安置于后视点和前视点的中间位置。

② 每人独立安置仪器，粗平、照准后视尺，精平后读数；再照准前视尺，精平后读数。

③ 若前、后视点固定不变，则不同仪器两次所测高差之差不应超过 5mm。

六、 注意事项

① 仪器安放在三脚架头上，必须旋紧连接螺旋，使连接牢固。再旋转水平微动螺旋精平。

② 当水准仪照准、读数时，水准尺必须立直。尺子的左右倾斜，观测者在望远镜中根据纵丝上可以发觉，而尺子的前后倾斜则不易发觉，立尺者应注意。

③ 微动螺旋和微倾螺旋应保持在中间运行，不要旋到极限。

④ 观测者的身体各部位不得接触脚架。

⑤ 水准仪在读数前，必须使长水准管气泡严格居中，照准目标必须消除视差。

⑥ 从水准尺上读数必须读 4 位数：米、分米、厘米、毫米。记录数据应以米或毫米为单位，如 2.275m 或 2275mm。

实训二　普通水准测量

一、实训目的

进一步熟悉水准仪的构造和使用，掌握普通水准路线测量的施测、记录与计算。

二、仪器和工具

DS_3 水准仪 1 台，水准尺 2 根，尺垫 2 个。自备 2H 铅笔 2 支和测伞 1 把。

三、内容

① 做闭合水准路线测量（至少要观测四个测站）。

② 观测精度满足要求后，根据观测结果进行水准路线高差闭合差的调整和高程计算。

四、方法与步骤

① 由教师指定进行闭合水准路线测量，给出已知高程水准点的位置和待测点（2～3个）的位置，水准路线测量共需 4～6 个测站。

② 全组共同施测，2 人立尺，1 人记录，1 人观测；搬站后轮换工作。

③ 在起始水准点和第一个立尺点之间安置水准仪（注意用目估或步量使仪器前、后视距大致相等），在前、后视点上竖立水准尺（注意已知水准点和待测点上均不放尺垫，而在转点上必需放尺垫），按一个测站上的操作程序进行观测，即安置→粗平→照准后视尺→精平→读数→照准前视尺→精平→读数。观测员的每次读数，记录员都应回报检核后记入表格中，并在测站上算出测站高差。完成一次高差观测，接着改变仪器高 10cm，重新观测一次。两次观测同一测站的高差的较差不得超过 5mm，否则应返工。

④ 依次设站，用相同方法施测，直到回到起始水准点，完成闭合水准路线测量。

⑤ 将各测站、测点编号及后、前视读数填入报告的相应栏目中，每人独立完成各项计算。

五、 技术要求

高差闭合差容许值按 $f_h \leqslant \pm 12\sqrt{n}$ 计算，式中 n 为测站数；或按 $f_h \leqslant \pm 40\sqrt{L}$ 计算，式中 L 为水准路线长度的千米数。要求成果合格，可以平差；否则，应重测。并将闭合差分配改正，求出待测点高程。若超限应重测。

六、 注意事项

① 前、后视距应大致相等。

② 同一测站，圆水准器只能整平一次。

③ 每次读数前，要消除视差和精平。

④ 水准尺应立直，水准点和待测点上立尺时不放尺垫，只在转点处放尺垫，也可选择有凸出点的坚实地物作为转点而不用尺垫。

⑤ 仪器未搬迁，前、后视点若安放尺垫则均不得移动。仪器搬迁了，后视点才能携尺和尺垫前进，但前视点尺垫不得移动。

闭合水准路线测量记录见附表 1。

附表 1 闭合水准路线测量记录   单位：_____

日期 _____ 天气 _____ 班组 _____ 仪器 _____ 观测者 _____ 记录者 _____ 成绩 _____

测站	点号	后视读数	前视读数	高差 +	高差 −	改正数	改正后高差	高程	备注
12	A				3.411	− 0.012	− 3.423	23.126	
	1							19.703	
8	2			2.550		− 0.008	2.542	22.245	
15	3				8.908	− 0.015	− 8.923	13.322	
22	A			9.826		− 0.022	9.804		
Σ				0.057	− 0.057	0		23.126	
检核计算	$\Sigma_后 =$ $\Sigma_前 =$ $\Sigma_后 - \Sigma_前 =$		$\Sigma h_{测} =$ $f_h = \Sigma h_{测} - \Sigma h_{测} =$ $f_{h容} =$			$\Sigma h_{测} =$ $f_h = 0 < f_h = \pm 12mm$			

实训三 DS₃ 水准仪的检验与校正

一、实训目的

① 了解水准仪的主要轴线及它们之间应满足的几何条件。
② 掌握水准仪的检验与校正的方法。

二、仪器和工具

① DS₃ 水准仪 1 台，水准尺 2 根，小改锥 1 把，校正针 1 根。
② 试验场地安排在视野开阔、土质坚硬、长度为 60～80m 的地方。

三、内容

① 圆水准器的检验与校正。
② 望远镜十字丝的检验与校正。
③ 水准管轴平行于视准轴的检验与校正。

四、方法和步骤

① 在稍有高差的地面上选定相距 60m 或 80m 的 A、B 两点，放下尺垫，立水准尺。用皮尺量定 AB 的中点 C，在 C 点处安置水准仪。

② 安置仪器后先对三脚架、脚螺旋、制动与微动螺旋、对光螺旋、望远镜成像等做一般检查，进一步熟悉微倾式水准仪的主要轴线及其几何关系。

③ 圆水准器轴平行于竖轴的检验与校正。

a. 检验：调节脚螺旋使圆水准器气泡居中。将仪器绕竖轴旋转 180°后，若气泡仍居中，则此项条件满足，否则需要校正。

b. 校正：调节脚螺旋使气泡反向偏离量的一半，再稍松动圆水准器低部中间的固紧螺栓，用校正针拨圆水准器的三颗校正螺栓，使气泡重新居中，再拧紧螺栓。反复检校，直到圆水准器在任何位置时气泡都能居中。

④ 十字丝横丝垂直于竖轴的检验与校正。

a. 检验：以十字丝横丝一端瞄准约 20m 远处的一个明细点，慢慢调节微动螺旋丝始终不离开该点，则说明十字丝横丝垂直于竖轴；否则，需要校正。

b. 校正：旋下十字丝分划板护盖，用小螺钉旋具刀松动十字丝分划板的固定螺栓，略微转动之，使调节微动螺旋时横丝不离开上述明细点。如此反复检校，直至满足要求。最后将固定螺栓旋紧，并旋好护盖。

⑤ 视准轴平行于水准管轴的检验与校正。

a. 检验：用改变仪高法在 C 点处测出 A、B 两点间的正确高差 $h_{平均}$；搬仪器至后视点 A 约 3m 处，读得后视读数 a_2；按公式 $b_应 = a_2 - h_{平均}$，计算出前视读数 $b_应$；旋转望远镜在 B 点的立尺上读得前视读数 b_2；若 $b_2 \neq b_应$，则按公式 $i = (b'_2 - b_应) \rho'' / D_{AB}$，计算 i 角（$\rho'' = 206265''$）。当 $i > 20''$ 时需校正。

b. 校正：调节微倾螺旋使十字丝横丝对准水准尺上 B 处（此时水准管气泡不再居中），用校正针拨动水准管校正螺栓，使水准管气泡重新居中，如此反复检校，直到 $i \leqslant 20''$ 为止。

五、技术要求

在视准轴平行于水准管轴的检校中要求正确高差的平均两次高差之差应不大于3mm。

六、注意事项

① 以上各项检校工作必须按顺序进行，不能随意颠倒。每项至少检验2次，确定无误后再进行校正。

② 拨动水准管校正螺栓时，应先松动左右两颗校正螺栓，再一松一紧上、下两颗校正螺栓，使水准管气泡逐渐重新居中。

③ 轮流操作时，学生一般只做检验，如做校正，应在教师指导下进行。

水准仪的检验与校正见附表2。

附表2 水准仪的检验与校正

日期_____天气_____班组_____仪器_____观测者_____记录者_____成绩_____

1. 一般检验

三脚架是否稳固	是
制动及微动螺旋是否有效	是
其他	

2. 圆水准器轴平行于竖轴的检校

转180°检验次数	气泡偏差/mm
第一次	0

3. 十字丝横丝垂直于竖轴的检校

检验次数	误差是否显著
第一次	是
第二次	是
第三次	否

4. 视准轴平行于水准管轴的检校

仪器在中点求正确高差			仪器在A点旁检验校正		
第一次	A点读数 a		第一次	A点尺上读数 a_2	
	B点读数 b			B点尺上应读数 $b_应 = a_2 - h_{平均}$	
	$h = a - b$			B点读数实读数 b'_2	
第二次	A点读数 a_1			视准轴偏上（或下）之数值	
	B点读数 b_1		第二次	A点尺上读数 a_2	
平均	平均高差 $h_{平均} = \frac{1}{2}(h + h_1)$			B点尺上应读数 $b_应 = a_2 - h_{平均}$	
				B点读数 b'_2	
				视准轴偏上（或下）之数值	
			第三次	A点尺上读数 a_2	
				B点尺上应读数 $b_应 = a_2 - h_{平均}$	
				B点读数 b'_2	
				视准轴偏上（或下）之数值	

实训四　光学经纬仪的认识与使用

一、实训目的

① 熟悉光学经纬仪的基本构造和各部件的名称、作用和使用方法。

② 初步掌握对中、整平、照准、读数的操作方法，学会水平度盘的读数法，学会水平度盘读数的配置。

③ 练习用测回法观测一个水平角，并学会记录和计算。

二、仪器和工具

DJ_6 光学经纬仪 1 台，花杆 2 根，记录板 1 块，测伞 1 把。

三、内容

① 熟悉 DJ_6 光学经纬仪各部件的名称及作用。

② 练习经纬仪对中与整平。

③ 学会瞄准目标与读数。

四、方法和步骤

① 各组在指定地点设置测站点 O 和测点 A（左目标）、B（右目标），构成一个水平角 $\angle AOB$。

② 打开三脚架，使其高度适中，架头大致水平。

③ 打开仪器箱，双手握住仪器支架，将仪器取出置于架头上，一手握支架，一手拧紧连接螺旋。

④ 认识下列部件，了解其用途及用法。

a. 脚螺旋；b. 照准部水准管；c. 目镜、物镜调焦螺旋；d. 望远镜、照准部制动螺旋和微动螺旋；e. 复测器或换盘手轮；f. 换像手轮；g. 测微轮；h. 竖盘指标水准管或竖盘指标自动平衡补偿器揿钮；i. 光学对中器；j. 轴套固紧螺栓等。

⑤ 仪器操作。

a. 对中。观察光学对中器，同时转动脚螺旋，使测站点移至刻画圈内（对中误差小于 3mm）至符合要求为止。若整平后测站点偏离刻画圈少许，则松紧连接螺旋一半处，可平移仪器使测站点移至刻画圈内后再整平。

b. 整平

Ⅰ. 粗略整平：观察水准气泡的位置，若圆水准气泡和其刻画圈与三脚架的其中一只脚架 1 在一条直线上，若在脚架 1 一侧，通过脚架 1 的伸缩使其降低，使气泡居中；若在脚架 1 的另一侧，通过脚架 1 的伸缩使其升高，使气泡居中。若气泡仍未居中，若圆水准气泡和其刻画圈与三脚架的其中一只脚架 2 或 3 在一条直线上，可重复调整直至气泡居中为止。

Ⅱ. 精确整平：转动照准部，使水准管平行于任意一对脚螺旋，相对旋转这对脚螺旋，使水准管气泡居中；再将照准部绕竖轴转动 90°，旋转第三只脚螺旋，仍使水准管气泡居中；再转动 90°，检查水准管气泡误差，最后检查水准管平行于任意一对脚螺旋时的水准管气泡是否居中，直到小于分划线的一格为止。

⑥ 照准。

a. 调节目镜调焦螺旋，看清十字丝。

b. 用照门和准星盘左粗略照准左目标 A，旋紧照准部和望远镜制动螺旋。

c. 调节物镜调焦螺旋，看清目标并消除视差。

d. 调节照准部和望远镜微动螺旋，用十字丝交点精确照准 A，读取水平度盘读数。

e. 松动两个制动螺旋，按照顺时针方向转动照准部，再按照 b.～d. 的方法照准右目标 B，读取水平盘读数。

f. 纵转望远镜成盘右，先照准右目标 B，读数，再逆时针方向转动照准部，照准左目标 A，读数。至此完成一测回水平角观测。

⑦ 读数。打开反光镜，调节反光镜使读数窗亮度适当，旋转读数显微镜的目镜，看清读数窗分划线，根据使用的仪器用测微尺或单板平板玻璃测微尺读数。

⑧ 记录、计算。记录员将数据填入附表 3 的相应栏目中，并完成各项计算。

附表 3　经纬仪水平角测量记录表

日期_____天气_____班组_____仪器_____观测者_____记录者_____成绩_____

测站	竖盘位置	目标	水平度盘度数 (° ′ ″)	半测回角值 (° ′ ″)	一测回角值 (° ′ ″)	备注
第一测图	左	A	0　01　30	65　06　42	65　06　45	
		B	65　08　12			
	右	A	180　01　42	65　06　48		
		B	245　08　30			
第二测图	左	A	90　02　24	65　06　48	65　06　51	
		B	155　09　12			
	右	A	270　02　36	65　06　54		
		B	335　09　30			

五、技术要求

① 仪器的整平误差应小于照准部水准管分划一格，光学对中误差应小于 1mm。

② 盘左与盘右半测回角值误差不超过 ±40″，超限应重测。

六、注意事项

① 照准时应尽量照准观测目标的底部，以减少目标倾斜引起的误差。

② 同一测回观测时切勿碰动脚螺旋、复测扳手或换盘手轮。

③ 观测过程中若发现气泡偏移超过一格时，应重新整平重测该测回。

④ 计算半测回角值时，当左目标读数大于右目标读数时，则应加 360°。

实训五　测回法观测水平角

一、实训目的

① 熟练掌握光学经纬仪的操作方法。

② 掌握测回法观测水平角的过程。

二、仪器和工具

DJ_6 光学经纬仪 1 台，花杆 2 根，记录板 1 块，测伞 1 把。

三、内容

练习用测回法观测水平角的记录及计算。

四、方法和步骤

① 安置经纬仪于测站上，对中、整平。

② 度盘设置：若共测 n 个测回，则第 i 个测回的度盘位置为略大于 $\dfrac{(i-1) \times 180°}{n}$。如测两个测回，根据公式计算，第一测回起始读数略大于 0°，第二测回起始读数略大于 90°。转动度盘变换手轮，将第 i 主测回的度盘置于相应的位置。

若只测一个测回则亦可不配置度盘。

③ 一测回观测。

盘左：照准左目标 A，读取水平度盘的读数 a_1，顺时针方向转动照准部，照准右目标 B，读取水平度盘的读数 b_1，计算上半测回角值：

$$\beta_左 = b_1 - a_1$$

盘右：照准右目标 B，读取水平度盘读数 b_2，照准左目标 A，读取水平度盘读数 a_2，下半测回角值：

$$\beta_右 = b_2 - a_2$$

五、 技术要求

① 检查上、下半测回角值互差是否超限，若在 $±40'$ 范围内，计算一测回角值：

$$\beta = \dfrac{1}{2} (\beta_左 - \beta_右)$$

② 测站观测完毕后，检查各测回角值误差不超过±24″，计算各测回的平均角值。

六、 注意事项

① 照准目标时尽可能照准其底部。

② 观测时，注意盖上度盘变换手轮护罩，切勿误动度盘变换手轮或复测手轮。

③ 一测回观测过程中，当水准管气泡偏离值大于 1 格时，应整平后重测。

④ 观测目标以单丝平分目标或双丝夹住目标。

⑤ 用测回法测三角形的内角之和，并校核精度。

测回法观测水平角相关记录见附表 4。

附表 4 测回法观测水平角

日期_____天气_____班组_____仪器_____观测者_____记录者_____成绩_____

测站	竖盘位置	目标	水平度盘度数 (° ′ ″)	半测回角值 (° ′ ″)	一测回角值 (° ′ ″)	备注
0	左	A	90 01 06	89 59 48	89 59 57	
		B	180 00 54			
	右	A	270 00 54	90 00 06		
		B	0 01 00			

实训六　DJ₂ 经纬仪的认识与使用

一、实训目的

① 了解 DJ₂ 光学经纬仪的基本构造及主要部件的名称和作用。
② 掌握光学 DJ₂ 经纬仪的测角和计算。

二、仪器和工具

① DJ₂ 光学经纬仪 1 台，记录板 1 块。
② 指导教师可多设置几个目标，作为实验小组练习照准之用。

三、内容

① 熟悉 DJ₂ 光学经纬仪各部件的名称及作用。
② 学会 DJ₂ 经纬仪的测角和计算。

四、方法和步骤

1. DJ₂ 经纬仪的安置

DJ₂ 经纬仪装有光学对点器，其对中和整平工作要交替进行。三脚架放于地面点位的上方，将光学对中器的目镜调焦，使分划板上的小圆圈清晰，再拉伸对中器镜管，使能同时看清地面点和目镜中的小圆圈，踩紧操作者对面的一只三脚架腿，用双手将其他两只架腿略微提起，目视对中器目镜并移动两架腿，使镜中小圆圈对准地面点，将两架腿轻轻放下并踩紧，镜中小圆圈与地面点若略有偏离，则可旋转脚螺旋使其重新对准；然后伸缩三脚架架腿，使基座上的圆水准气泡居中，这样，初步完成了仪器的对中和粗平；整平水平盘水准管气泡，再观察对中器目镜，此时，如果小圆圈与地面点又有偏离，则可略松连接螺旋，平移基座使其对中，旋紧连接螺旋，有时平移基座后，水平盘水准管气泡又不居中，所以要再观察一下是否已整平。

2. DJ₂ 经纬仪的照准

DJ₂ 经纬仪的照准方法与 DJ₆ 经纬仪相同，照准前的重要一步是消除视差。对于目镜调焦与十字丝调至最清晰的方法，可将望远镜对向天空或白色的墙壁，使背景明亮，增加与十字丝的反差，以便于判断清晰的程度；对于物镜调焦，也应选择一个较清晰的目标来进行。照目标时，应仔细判断目标相对于纵丝的对称性。

3. DJ₂ 经纬仪的读数

① 利用光楔测微，将度盘对径（度盘直径的两端）分划像折射到同一视场中成上、下两排，测微器可使上、下分划对齐，读取度盘读数，再加测微器读数。
② 水平度盘和垂直度盘利用换像手轮使其分别在视场中出现，具体体盘读数方法如下：
a. 转动换像手轮，使轮上线条水平，则读数目镜中出现水平度盘像。
b. 调节读数目镜调焦环，使水平盘和测微器的分划像清晰。
c. 转动测微手轮，使度盘对径分划像严格对齐成"｜"。
d. 正像读度数，再找出正像右侧相差 180° 的倒像分划线，它们之间所夹格数乘 10′ 为整十分数，小于 10′ 的分数及秒数则在左边小窗测微秒盘上根据指标线所指位置读出。

五、技术要求

① 半测回归零差为 12″。
② 同一测回 2C 变动范围为 18″。
③ 各测回同一归零方向值较差为 12″。

六、注意事项

① 经纬仪对中时，应使三脚架架头大致水平，否则会导致仪器整平困难。
② 照准目标时，应尽量照准目标底部，以减少由于目标倾斜引起的水平角观测误差。
③ 为使观测成果达到要求，用十字丝照准目标的最后一瞬间，水平微动螺旋的转动方向应为旋进方向。
④ 观测过程中，水准管的气泡偏离居中位置的值不得大于一格。

DJ₂ 经纬仪水平角观测数据记录见附表 5。

附表 5　DJ₂ 经纬仪水平角观测

日期＿＿＿＿＿仪器型号＿＿＿＿＿观测＿＿＿＿＿天气＿＿＿＿＿仪器型号＿＿＿＿＿记录＿＿＿＿＿

测站	测点	水平度盘读数						左－右 (2C)	(左＋右) /2	方向值	归零后方向值	测回平均值	备注
		盘左			盘右								
		(° ′)	(″)	(″)	(° ′)	(″)	(″)	(″)	(° ′ ″)	(° ′ ″)	(° ′ ″)	(° ′ ″)	
1	2	3	4	5	6	7	8	9	10	11	12	13	14
	A	0 01	06		180 01	06							
	B	91 54	06		270 54	00							
	C	153 32	48		333 32	48							
	D	214 06	12		34 06	06							
	A	0 01	24		180 01	08							
	A	90 02	18		270 02	18							
	B	181 55	06		1 55	18							
	C	243 33	54		63 34	00							
	D	304 07	24		124 07	18							
	A	90 02	36		270 02	30							

实训七　测回法观测三角形的内角

一、实训目的

① 熟练掌握光学经纬仪的操作方法。
② 全面掌握测回法观测水平角的过程。
③ 掌握测回法观测三角形的内角和校核精度的方法。

二、仪器和工具

光学经纬仪 1 台，花杆 2 根，记录板 1 块，测伞 1 把。

三、内容

① 练习测回法观测三角形的内角之和为 180°。
② 练习平差角值计算。

四、方法和步骤

① 在场地上选定顺时针的 A、B、C 三点，做好明点位标志。
② 分别以 A、B、C 三点为测站，以其他两点为观测目标，用测回法观测三角形的三个内角的水平角角值。
③ 应使用复测扳手或换盘手轮，使每测回盘左目标的水平度盘读数配置在略大于零度处。
④ 记录计算。同实训五，记录员应将各观测值依次填入实训报告的相应栏目中，并计算出半测回角值、一测回角值及三角形的内角之和与其理论之差，即角度闭合差 f_β。

$$f_\beta = \angle B + \angle C - 180°$$

五、技术要求

实测三角形内角之和与其理论值之差的容许值公式如下：

$$f_{\beta容} = \pm 40'' \sqrt{n} = \pm 40'' \times \sqrt{3} = \pm 69''$$

式中，n 为三角形的内角个数。若 $f_\beta \leqslant f_{\beta容}$，成果合格，并计算观测角值改正数，$V_\beta = f_\beta / 3$，若 $f_\beta > f_{\beta容}$，成果不合格，应重测。

六、注意事项

① 各组员轮流操作，有关注意事项同实训四。观测结束后立即计算出角度闭合差并评定精度。
② 注意作为测站的某点和该点作为测点时点位不得变动。
三角形（四边形）内角观测记录及平差角值计算表见附表 6。

附表 6 三角形（四边形）内角观测记录及平差角值计算表

日期_____ 天气_____ 班组_____ 仪器_____ 观测者_____ 记录者_____ 成绩_____

测站	竖盘位置	目标	水平度盘读数 (° ′ ″)	半测回角值 (° ′ ″)	一测回角值 (° ′ ″)	改正数 (°)	改正后角值 (° ′ ″)	备注
	左	M	0　05　18					
		N	46　30　24					
	右	M	180　05　12					
		N	226　30　30					
	左							
	右							

续表

测站	竖盘位置	目标	水平度盘读数 (° ′ ″)	半测回角值 (° ′ ″)	一测回角值 (° ′ ″)	改正数 (°)	改正后角值 (° ′ ″)	备注
	左							
	右							
	左							
	右							
求和∑								
三角形内角和＝		闭合差 $f_\beta=$		容许闭合差 $f_{\beta容}=$		f_β	$f_{\beta容}$	

实训八　全圆方向法观测水平角

一、实训目的

① 初步掌握全圆方向法测水平角的观测、记录、计算方法。
② 进一步熟悉经纬仪的使用。

二、仪器和工具

DJ_6 级光学经纬仪 1 台，记录板 1 块，测钎 4 根。

三、内容

练习全圆方向法观测水平角。

四、方法与步骤

① 将仪器安置在测站上，对中、整平后，选择一个通视良好、目标清晰的方向作为起始方向（零方向）。
② 盘左观测。先照准起始方向（称为 A 点），使度盘读数置到 $0°02′$ 左右，读数记入手簿；然后顺时针转动照准部，依次照准 B、C、D、A 点，将读数记入手簿。A 点两次读数之差称为上半测回归零差，其值应小于 $24″$。
③ 倒转望远镜，盘右观测。从 A 点开始，逆时针依次照准 D、C、B、A，读数记入手簿。A 点两次读数差称为下半测回归零差。
④ 根据观测结果计算 $2C$ 值和各方向平均读数，再计算归零后的方向值。
⑤ 同一测站、同一目标、各测回归零后的方向值之差应小于 $24″$。

五、技术要求

① 每人观测一个测回，四个方向，测回起始读数变动数值用式 $180°/n$（n 为测回数）计算。
② 要求半测回归零差不大于 $24″$，各测回同一方向值互差不大于 $24″$。

六、注意事项

① 一测站按规定测回数测完后，应比较同一方向各测回归零后方向值，检查其较差是否超限。

② 一测回观测完成后，应及时进行计算，并对照检查各项限差。

全圆方向法观测记录表见附表7。

附表7　全圆方向法观测记录表

日期＿＿＿＿天气＿＿＿＿班组＿＿＿＿仪器＿＿＿＿观测者＿＿＿＿记录者＿＿＿＿成绩＿＿＿＿

| 测站 | 测点 | 水平度盘读数 | | 2C (") | 盘左+(盘右±180°)/2 (° ′ ″) | 一测回归零后方向值 (° ′ ″) | 各测回平均方向值 (° ′ ″) | 平均角值 (° ′ ″) | 备注 |
		盘左 (° ′ ″)	盘右 (° ′ ″)						
0	A	0　02　12	180　02　00		(0　02　10) 0　02　06	0　00　00			
	B	37　44　15	217　44　05		37　44　10	37　42　00			
	C	110　29　04	290　28　52		110　28　58	110　26　48			
	D	150　14　51	330　14　43		150　14　47	150　12　37			
	A	0　02　18	180　02　08		0　02　13				

实训九　光学经纬仪的检验与校正

一、实训目的

① 弄清光学经纬仪的四条主要轴线应满足的几何关系及竖盘指标差。

② 熟悉光学经纬仪检验与校正的方法。

二、仪器和工具

DJ$_6$ 光学经纬仪 1 台，校正针 1 根，塔尺 1 根，花杆 1 根，记录板 1 块，测伞 1 把。

三、内容

① 照准部水准管轴的检验与校正。

② 十字丝的检验与校正。

③ 视准轴的检验与校正。

④ 横轴的检验与校正。

⑤ 竖盘指标差的检验与校正。

四、方法和步骤

① 各组选一处 AB 长为 100m 的平坦地面；用皮尺量出其中点 O，做好明细标志；场地一端插上花杆，在杆上高约 1.5m 处做一明细点，另一端同高处水平横置一根塔尺；然后对三脚架做一般性检查，再安置仪器于该中点处并与明细点大致同高。首先检查三脚架是否牢固，仪器外表有无损伤，仪器转动是否灵活，各个螺旋是否有效，光学系统是否清晰、有无

霉点等。

② 照准部水准管轴的检验校正。

a. 检验：先将经纬仪大致整平，然后转动照准部使水准管与任意两个脚螺旋的连线平行，旋转脚螺旋使气泡居中，再将照准部转动180°，若气泡仍居中，说明水准管轴垂直于仪器竖轴，否则应进行校正。

b. 校正：转动脚螺旋使气泡向中间移动偏离量的一半，另一半用校正针拨动水准管一端的校正螺栓，使气泡完全居中。此项检校需反复进行。

③ 望远镜十字丝的检验与校正。

a. 检验：安置好仪器并整平，用望远镜十字丝交点照准远处一明显标志点 P，转动望远镜微动螺旋，观察目标点 P，如 P 点始终沿着纵丝上下移动，没有偏离十字丝纵丝，说明十字丝位置正确。如果 P 点偏离十字丝纵丝，说明十字丝纵丝不铅垂，需进行校正。

b. 校正：卸下目镜处的外罩，松开四颗十字栓固定螺栓，转动十字丝环，直到 P 点与十字丝纵丝严密重合，然后对称地逐步拧紧十字丝固定螺栓。

④ 视准轴应垂直于横轴的检验、校正。

a. 检验：在以上两项检校的基础上，在 AB 的中点 O 的盘左位置安置仪器，在 A 点竖立一标志，在 B 点横放一根水准尺或毫米分划尺，使其尽可能地与视线 OA 垂直。标志与水准尺的高度大致与仪器等高。

b. 盘左位置照准 A 点，固定照准部，然后纵转望远镜，在 B 尺上读数得 b_1。

c. 盘右位置照准 A 点，固定照准部，然后纵转望远镜，在 B 尺上读数得 b_2；若 B_1、B_2。两点重合，表明条件满足，否则需校正。

d. 校正：按公式 $b_3 = b_2 - 1/4 (b_2 - b_1)$ 计算出此时十字丝交点在水平尺上的应读数 b_3，用校正针拨动十字丝环的左、右两颗校正螺栓，一松一紧使十字丝交点移至应读数 b_3；此项检验、校正需反复进行，直至满足条件为止。

⑤ 横轴垂直于竖轴的检验与校正。

a. 检验：在距建筑物 $20 \sim 30m$ 处安置仪器，精确整平，在建筑物上选择一点 P，使视线仰角大于30°，首先盘左照准 P 点之后固定照准部，使视线水平，在墙上标出十字丝交点所对准的点 P_1，然后盘右照准 P 点，随后同样将视线放置水平（与 P_1 同高处），在墙上标出十字丝交点所对准的点 P_2。若 P_1 与 P_2 不重合，则需要校正。

b. 校正：照准 P_1 与 P_2 的中点 P，固定照准部向上转动望远镜，此时十字丝的交点不能照准 P 点，而在 P 点的一侧，需抬高或降低水平轴的一端，使十字丝的交点对准 P 点来进行校正。此项校正需要专业修理人员来完成。

⑥ 竖盘指标差的检验与校正。

a. 检验：可结合横轴检校同时进行。在盘左、盘右位置用十字丝交点分别找准仰角大于30°的墙上一明细点 P 时，读取竖盘读数 L 和 R，算出竖直角 α_L 和 α_R；以公式 $X = 1/2 (R + L - 360°)$ 算出指标差 x，若 $|x| > 1'$，则需校正。

b. 校正：依公式 $\alpha = 1/2 (\alpha_L - \alpha_R)$ 算出正确竖直角 α；将 α 代入盘右时的竖直角计算公式，求得照准目标时不含指标差的竖盘应读数 $R_应$，调节竖盘指标水准管微动螺旋使竖盘为读数 $R_应$，此时指标水准管气泡不再居中；用校正针拨动指标水准管校正螺栓，使其气泡重新居中。

五、技术要求

① 照准部水准管在任何位置时气泡偏离零点不大于半格。

② 视准轴误差 $c \leqslant \pm 10''$，横轴误差 $i \leqslant \pm 20''$。

③ 竖盘指标差 $X \leqslant \pm 1'$。

六、注意事项

① 各检验与校正项目应在教师指导下进行，碰到问题及时汇报，不得自行处理。

② 校正时校正螺栓一律先松后紧，一松一紧，用力适当。校正完毕后校正螺栓不能松动。

③ 检验与校正需要反复进行，直到符合要求为止。

④ 实训时每个细节都必须认真对待，并及时填写检验与校正记录表格。

光学经纬仪的检验与校正表格的填写见附表8。

附表8　光学经纬仪的检验与校正

日期_____天气_____班组_____仪器_____观测者_____记录者_____成绩_____

1. 一般性检查

三脚架是否牢固	是	螺旋洞处是否清洁	是
横轴与竖轴是否灵活	是	望远镜成像是否清晰	是
制、微动螺旋是否有效	是	其他	

2. 照准部水准管轴的检验校正

检验（即转180°之次数）	1	2	3	4	5
气泡偏离格数	1/2	0			

3. 望远镜十字丝的检验与校正

检验次数	误差是否显著
1	是
2	否

4. 视准轴应垂直于横轴的检验校正

	目标	横尺读数			目标	横尺读数	
第一次检验		b_1		第二次检验		b_1	
		b_2				b_2	
		$\frac{1}{4}(b_2-b_1)$				$\frac{1}{4}(b_2-b_1)$	
		$b_2-\frac{1}{4}(b_2-b_1)$				$b_2-\frac{1}{4}(b_2-b_1)$	

5. 横轴垂直于竖轴的检验与校正

检验次数	P_1、P_2 两点间之距离
1	
2	

续表

6. 竖盘指标差的检验与校正

检验次数	目标	竖盘位置	竖盘读数 (° ′ ″)	竖直角 α (° ′ ″)	竖直角平均值 (° ′ ″)	指标差 $X=\frac{1}{2}(R+L-360°)$	盘左、右正确读数(° ′ ″)
	A	左 L	76 18 24	13 41 36			
		右 R	283 41 45	13 41 54			
	B	左 L	94 22 48	−4 22 48			
		右 R	265 37 24	−4 22 36			

实训十　距离测量

一、实训目的

① 掌握钢尺量距。
② 加深对视距测量原理的理解，熟悉视线水平与视线倾斜情况下的视距测量。

二、仪器和工具

30m 钢尺 1 把，DJ₆ 光学经纬仪 1 台，花杆 2 根，测钎 5 根，垂球 2 个，记录板 1 块，测伞 1 把。

三、内容

① 练习用钢尺进行往返丈量记录与计算。
② 练习用经纬仪进行视距测量、记录与计算。

四、方法和步骤

1. 钢尺量距

钢尺量距的一般方法是边定线边丈量。
首先选定大约相距 100m 的固定点 A、B，在 A、B 两点各竖一根花杆。
（1）往测
前尺手持标杆立于距 A 点约 30m 处，另一人站立于 A 点标杆后约 1m 处，指挥手持标杆者左右移动，使此标杆与 A、B 点标杆三点处于同一直线上。
后尺手执钢尺零点端将尺零点对准 A，前尺手持尺把携带测钎向 B 方向前进，使钢尺紧靠直线定线点，拉紧钢尺，在整尺长处插下测钎或做记号。这样就完成了一个尺段的丈量。两尺手同时提尺前进，同法可进行其他尺段的测量。最后一段不足整尺长时，可由前尺手在 B 点的钢尺上直接读取尾数，即余长。整尺长乘以整尺段数再加上余长即为往测距离。
（2）返测
用同样的方法由 B 向 A 进行返测，可得返测距离。
如果地面高低不平，可抬高钢尺，用垂球投点。
往返测距离之差的绝对值与平均距离之比即为相对误差，如果相对误差在容许误差 1/3000 之内，则取平均值作为 A、B 两点的长度，否则，应重测。

2. 视距测量

（1）视线水平时的视距测量
① 在平坦的实训场地选择一测站点 A，在测站点上安置好经纬仪，对中、整平。

② 司尺员将视距尺（标尺）立于待测点 B 上。

③ 照准标尺并将视线大致水平（竖盘读数为 90°或 270°），分别读取下丝、上丝的读数，记入观测手簿。

④ 按 $D = Kl$ 计算出仪器至立尺点的水平距离（如 $K = 100$，$l =$ 下丝读数－上丝读数。若为正像望远镜，则 $l =$ 上丝读数－下丝读数）。

（2）视线倾斜时的视距测量

① 另选一处有一定坡度的场地，选择一测站点 C，在测站点上安置好经纬仪，对中、整平。

② 司尺员将视距尺（标尺）立于待测点 D 上。

③ 量取仪器高 i（若不进行高差测量，则不做此项）。

④ 照准标尺，调节竖盘指标微动螺旋，使竖盘指标水准管气泡居中后，分别读取下、中（V）、上丝读数及竖盘读数（L），记入观测手簿。

⑤ 分别计算测站点与标尺间的水平距离与高差，计算公式为

$$D = Kl\cos2\alpha$$
$$h = D\tan\alpha + i - V$$

式中　　K——相对精度，$K = 100$；

　　　　l——上、下丝读数的差值，$l =$ 下丝读数－上丝读数；

　　　　α——视线倾斜角度，$\alpha = 90 - L$（度盘顺时针刻划）；

　　　　i——仪器高；

　　　　V——目标高，即中丝读数。

五、技术要求

1. 钢尺量距

往返量距的相对误差的容许值 $K_容 \leqslant 1/3000$。当 $K \leqslant K_容$ 时，成果合格，取往返量距结果的平均值为最终成果。若 $K > K_容$ 时，成果不合格，应返工重测。

2. 视距测量

① 指标差互差在 ±24″ 之内，同一目标各测回竖直角互差在 ±24″ 之内，超限应重测。

② 视距测量前应对竖盘指标差进行检校，使其在 ±60″ 之内，往返视距的相对误差的容许值 $K_容 \leqslant 1/300$，高差之差应小于 5cm，超限应重测。

六、注意事项

1. 钢尺量距

① 钢尺使用时注意区分端点尺和刻线尺。

② 量距时钢尺要拉平，用力要均匀；遇到场地不平时，要注意尺身水平。

③ 钢尺不宜全部拉出，末端连接处易断，量距时不要把钢尺拖在地上，勿使钢尺受压或折绕。

2. 视距测量

① 视线水平时进行视距测量，也可使用水准仪进行测量。

② 为便于直接读出尺间隔 L，观测时可用望远镜微动螺旋使上丝读数对在附近的整数

上（整米或整分米处）。

③ 视距测量前应校正竖盘指标差。

④ 标尺应严格竖直。

⑤ 仪器高度、中丝读数和高差计算精确到 cm，平距精确到 dm。

距离测量表格的填写见附表9。

附表9　距离测量

日期_____ 天气_____ 班组_____ 仪器_____ 观测者_____ 记录者_____ 成绩_____

1. 钢尺量距

测线		往测/m		返测/m		$D_往-D_返$/m	相对精度 K	平均长度 D/m	备注
起点	终点	尺段数 余数	$D_往$	尺段数 余数	$D_返$	$D_往+D_返$			
A	B	6 23.188	203.188	6 23.152	203.152	0.036	1/5600	203.170	
B	C	3 41.841	191.841	3 41.873	191.873	0.032	1/6000	191.857	

2. 视距测量

测站	目标	上丝 下丝	尺间隔	竖盘读数 (° ′ ″)	竖直角 α (° ′ ″)	平距 /m	高差 /m	备注
	A	—	0.506	86 59 00	3 01 00	50.46	2.13	
	B	—	0.890	95 17 00	−5 17 00	88.25	−8.16	
		—						

实训十一　全站仪的认识与使用

一、实训目的

① 了解全站仪的构造。

② 熟悉全站仪的操作界面及作用。

③ 掌握全站仪的基本使用。

二、仪器和工具

全站仪 1 台，棱镜 1 块，测伞 1 把。自备 2H 铅笔。

三、内容

① 全站仪的基本操作与使用。
② 进行水平角、距离、坐标测量。

四、方法和步骤

1. 全站仪的认识

全站仪由照准部、基座、水平度盘等部分组成，如附图 7 所示，同样采用编码度盘或光栅度盘，读数方式为电子显示。有功能操作键及电源，还配有数据通信接口，它不仅能测角度还能测出距离，并能显示坐标以及一些更复杂的数据。

全站仪有许多型号，其外形、体积、重量、性能各不相同。

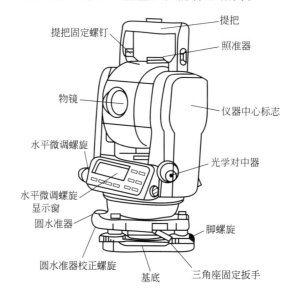

附图 7　全站仪的组成

2. 全站仪的使用

（1）测量前的准备工作

① 电池的安装（注意：测量前电池需充足电）

a. 把电池盒底部的导块插入装电池的导孔。

b. 按电池盒的顶部直至听到"咔嚓"的响声。

c. 向下按解锁钮，取出电池。

② 仪器的安置

a. 在实验场地上选择一点 O，作为测站，另外两点 A、B 作为观测点。

b. 将全站仪安置于 O 点，对中、整平。

c. 在 A、B 两点分别安置棱镜。

③ 竖直度盘和水平度盘指标的设置

a. 竖直度盘指标设置。松开竖直度盘制动螺旋，将望远镜纵转一周（望远镜处于盘左，当物镜穿过水平面时），竖直度盘即已设置。随即听见一声鸣响，并显示出竖直角 V。

b. 水平度盘指标设置。松开水平制动螺旋，旋转照准部 360°（当照准部水准器经过水平度盘安置圈上的标记时），水平度盘指标即自动设置。随即听见一声鸣响，同时显示水平角 H。至此，竖直度盘和水平度盘指标已设置完毕。

每当打开仪器电源时，必须重新设置 H 和 V 的指标。

④ 调焦与照准目标。操作步骤与一般经纬仪相同，注意消除视差。

（2）角度测量

① 首先从显示屏上确定是否处于角度测量模式，如果不是则按操作键转换为角度模式。

② 盘左照准左目标 A，按置零键，使水平度盘读数显示为 $0°00'00''$，顺时针旋转照准部，照准右目标，读取显示读数。

③ 可以用同样的方法进行盘右观测。

④ 如要测竖直角，可在读取水平度盘读数的同时读取竖盘的显示读数。

（3）距离测量

① 首先从显示屏上确定是否处于距离测量模式，如果不是，则按操作键转换为距离模式。

② 照准棱镜中心，这时显示屏上能显示箭头前进的动画，前进结束则完成测量，得出距离，HD 为水平距离，VD 为倾斜距离。

（4）坐标测量

① 首先从显示屏上确定是否处于坐标测量模式，如果不是，则按操作键转换为坐标模式。

② 输入本站点 O 点及后视点坐标，以及仪器高、棱镜高。

③ 照准棱镜中心，这时显示屏上能显示箭头前进的动画，前进结束则完成坐标测量，得出点的坐标。

五、技术要求

① 仪器的整平误差应小于照准部水准管分划一格，光学对中误差应小于 1mm。

② 测站不应选在强电磁场影响的范围内，测线应高出地面或障碍物 1m 以上，且测线附近与其延长线上不得有反光物体。

六、注意事项

① 运输仪器时，应采用原装的包装箱运输、搬动。

② 近距离将仪器和脚架一起搬动时，应保持仪器竖直向上。

③ 在保养物镜、目镜和棱镜时，应吹掉透镜和棱镜上的灰尘；不要用手指触摸透镜和棱镜；只用清洁柔软的布清洁透镜；如需要，可用纯酒精弄湿后再用；不要使用其他液体，因为它可能损坏仪器的组合透镜。

④ 应保持插头清洁、干燥，使用时要吹出插头内的灰尘与其他细小物体。在测量过程中，若拔出插头则可能丢失数据。拔出插头之前应先关机。

⑤ 换电池前必须关机。

⑥ 仪器只能存放在干燥的室内。充电时，周围温度应保持在 $10\sim30℃$。

⑦ 全站仪是精密贵重的测量仪器，要防日晒、防雨淋、防碰撞振动。严禁仪器直接照准太阳。

⑧ 操作前应仔细阅读仪器说明书并认真听指导老师讲解。不明白操作方法与步骤者，不得操作仪器。

测量教学综合实训

扫码观看本视频

附录三　建筑施工测量综合实训

建筑施工测量实训是在课堂教学结束之后在实训场地集中进行综合训练的实践性教学环节。通过实训训练，使学生了解建筑施工测量的工作过程，熟练地掌握测量仪器的操作方法和记录、计算方法；掌握经纬仪、水准仪的检验、校正的方法；掌握大比例尺地形图测绘的基本方法和地形图的应用；能够根据工程情况编制施工测量方案，掌握施工放样的基本方法；了解测量新仪器、新技术的应用和最新发展；培养学生的动手能力和分析问题的能力。

一、实训组织、计划及注意事项

1. 实训组织

以班级为单位建立实训队，指导教师为队长，班长为副队长，实训队按小组进行组织，一般安排 5～6 人一组，选组长一名，负责全组的实训安排和仪器管理。指导教师布置实训任务和计划。

2. 实训计划

工程测量实训一般安排 2 周如附表 10 所示。

附表 10　工程测量实训安排

序号	项目与内容	时间/d	任务与要求
1	动员、借领仪器、工具、仪器检校，踏勘测区	5	布置实训任务，做好出测前的准备工作，对水准仪、经纬仪进行检验
2	控制测量	1.5	布设并完成导线测量工作
3	构筑物轴线测设和高程测设	1	掌握构筑物轴线测设和高程测设
4	圆曲线主点测设和偏角法测设圆曲线	1	构筑物轴线测设和高程测设、圆曲线主点测设和偏角法测设圆曲线
5	实训总结、考核	1	整理各项资料、考核、归还仪器

3. 注意事项

① 测量实训中应严格遵守学校的各种规章制度和纪律，不得无故迟到、无故缺席，应有吃苦耐劳的精神。

② 各组要整理、保管好原始记录、计算成果等。

③ 测量实训中记录、计算应规范，不得随意涂改。

④ 测量实训中应爱护仪器及工具，按规定程序操作；注意仪器、工具的安全。

⑤ 测量实训中组长要合理安排，确保每人有操作、训练的机会。

⑥ 小组成员应相互配合，注意培养团队合作精神。

4. 成绩评定方法

① 成绩评定　实训成绩的评定分优、良、及格、不及格。凡缺勤超过实训天数的 1/3、损坏仪器、违反实训纪律、未交成绩或伪造成果等均作不及格处理。

② 评定依据　依据实训态度、实训纪律、实际操作技能、熟练程度、分析和解决问题的能力、完成实训任务的质量、爱护仪器的情况、实训报告编写的水平等来评定。最后通过口试质疑，笔试及实际操作考核来评定实训成绩。

二、 控制测量

1. 实训目的与要求

通过本内容的实训，系统地掌握小区域控制测量的基本方法。

2. 实训任务

① 在测区实地踏勘，进行图根网选点。在城镇区一般布设闭合或附合导线。在控制点上进行测角、量距、定向等工作，经过内业计算，获得图根点的平面坐标。

② 首级高程控制点设在平面控制点上，根据已知水准点采用四等水准测量的方法测定，图根点高程可沿图根平面控制点采用闭合或附合路线的图根水准测量方法进行测定。

3. 仪器和工具

DJ$_6$ 经纬仪 1 台，水准仪 1 台，钢尺 1 把，水准尺 2 根，标杆 2 根，工具包 1 个，记录板 1 个，测伞 1 把，木桩数个，斧头 1 把，小铁钉若干，油漆小瓶。

4. 技术要求及作业过程

（1）平面控制测量

在测区实地踏勘，进行图根网选点。在城镇区一般布设闭合或附合导线。在控制点上进行测角、量距、定向等工作，经过内业计算获得图根点的平面坐标。

① 选点、设立标志　每组在指定的测区进行踏勘，根据已知的控制点资料，找出控制点的具体位置；了解测区的地形条件。根据已知等级控制点的点位，在测区内选择若干次级控制点，选点的密度应能控制整个测区，以便于碎部测量。导线边长应大致相等，边长不超过 100m。控制点的位置应选在土质实处，以便保存标志和安置仪器，也应通视良好便于测角和量距，视野开阔便于施测碎部点。点位选定后即打下木桩，桩顶钉上小钉作为标记，并编号。如无已知等级控制点，可按独立平面控制网布设，假定起点坐标，用罗盘仪测定起始边的磁方位角，作为测区的起算数据。

②测角　水平角观测用光学经纬仪，采用测回法观测一测回，要求两个半测回角值之差绝对值不应大于 $40''$，角度闭合差的限差为 $60''\sqrt{n}$，n 为测角数。

③ 量距　要求两个半测回长度之差不应大于导线的边长，用检定过的钢尺采用一般量距的方法进行往返丈量，边长相对误差的限差为 1/3000。有条件的或无法直接丈量的情况下可用全站仪测定边长。

④ 平面坐标计算　将校核过的外业观测数据及起算数据填入导线坐标计算表中进行计算，推算出各导线边长和坐标值点的平面坐标，其导线全长相对闭合差的限差为 1/2000。

计算中角度取至秒（′），坐标取至 cm。

（2）高程控制测量

首级高程控制点设在平面控制点上，根据已知水准点采用四等水准测量的方法测定，图根点高程可沿图根平面控制点采用闭合或附合路线的图根水准测量方法进行测定。

① 水准测量　四等水准测量用 DS_3 型微倾式水准仪沿路线单程测量，各站采用双面尺法或改变仪器高法进行观测，并取平均值为该站的高差。视线长度不应大于 80m，路线高差闭合差限差为 $f_h \leqslant \pm 20\sqrt{L}$（mm），式中 L 为路线总长的公里数。

图根水准测量视线长度不应大于 100m，路线高差为 $f_h \leqslant \pm 40\sqrt{L}$（mm）或 $f_h \leqslant \pm 12\sqrt{n}$（mm）。

② 高程计算　对路线闭合差进行平差后，由已知点高程推算各图根点高程。观测和计算单位均取至 mm，最后成果取至 cm。

5. 应交资料

① 导线示意图（比例＝1：1000）。

② 测量记录及数据计算等（附表 11～附表 17）。

附表 11　普通水准测量记录

日期 _____ 天气 _____ 班组 _____ 仪器 _____ 观测者 _____ 记录者 _____ 成绩 _____

测站	点号	后视读数	前视读数	高差		改正数	改正后高差	高程	备注
				+	−				
	Σ								

检核计算

$\sum_后 =$　　　　　　$\sum h_测 =$　　　　　　$\sum h_理 =$
$\sum_前 =$　　　　　　$f_h = \sum h_测 - \sum h_理 =$
$\sum_后 - \sum_前 =$　　$f_{h容} =$

附表 12　测回法观测水平角记录

日期 _____ 天气 _____ 班组 _____ 仪器 _____ 观测者 _____ 记录者 _____ 成绩 _____

测站	竖盘位置	目标	水平度盘读数 /（°　′　″）	半测回角值 /（°　′　″）	一测回角值 /（°　′　″）	改正数 /（°）	改正后角值 /（°　′　″）	备注

续表

测站	竖盘位置	目标	水平度盘读数 /(° ′ ″)	半测回角值 /(° ′ ″)	一测回角值 /(° ′ ″)	改正数 /(°)	改正后角值 /(° ′ ″)	备注
	求和Σ							
三角形内角和＝		闭合差 f_β＝		容许闭合差 $f_{\beta容}$＝			f_β	$f_{\beta容}$

附表 13　距离测量 1：钢尺量距

日期_____天气_____班组_____仪器_____观测者_____记录者_____成绩_____

测线		往测		返测		$D_往-D_返$	相对精度 K	平均长度 D	备注
起点	终点	尺段数 余数	$D_往$	尺段数 余数	$D_返$	$D_往+D_返$			

附表 14　距离测量 2：光电测距

日期_____天气_____班组_____仪器_____观测者_____记录者_____成绩_____

测站	测回	仪器高 /m	棱镜高 /m	竖盘位置	竖盘度数 /(° ′ ″)	竖直角 /(° ′ ″)	斜距 /m	平距 /m	高差 /m

附表 15 经纬仪导线坐标计算表

日期 _____ 天气 _____ 班组 _____ 仪器 _____ 观测者 _____ 记录者 _____ 成绩 _____

点号	左角或右角		方位角 /(° ′ ″)	距离D /m	坐标增量		Δx /m
	观测角 /(° ′ ″)	改正角 /(° ′ ″)			$\Delta x'$ /m	$\Delta y'$ /m	
Σ							
辅助计算	$\sum\beta_{理} =$ $\sum\beta_{测} =$		$f_\beta = \sum\beta_{理} - \sum\beta_{测}$ $f_{\beta容} = \pm 60\sqrt[n]{n} =$	$f_x =$	$f_y =$ $K = f_\eta / \sum D =$		$f_D = \sqrt{f_x + f_y}$ $K_容$

附表 16 导线点成果表

日期 _____ 班组 _____ 抄录者 _____ 校核者 _____

点号	方位角 /(° ′ ″)	边长 /(° ′ ″)	坐标/m		高程H /m
			X	Y	

附表 17 导线点

日期_____ 班组_____ 抄录者_____ 校核者_____

点号	X	Y	H	点号	X	Y	H

日期_____班组_____ 　　　　　　　　　　　　　　　　　　抄录者_____校核者_____

点号	X	Y	H	点号	X	Y	H

日期_____班组_____ 　　　　　　　　　　　　　　　　　　抄录者_____校核者_____

点号	X	Y	H	点号	X	Y	H

参考文献

［1］GB 50026—2007. 工程测量规范［S］.

［2］CJJ/T 8—2011. 城市测量规范［S］.

［3］李天文，龙永清等. 工程测量学. 第 2 版.［M］. 北京：科学出版社，2019.

［4］郭宗河等. 工程测量实训指南［M］. 北京：中国电力出版社，2018.

［5］筑•匠. 建筑工程测量一本就会［M］. 北京：化学工业出版社. 2016.

［6］王欣龙. 测量放线工必备技能［M］. 北京：化学工业出版社，2012.